THE PRACTICAL
PSYCHOLOGY AND
EMOTIONAL CONTROL

超实用
心理学与情绪掌控

元亨利——著

中国法制出版社
CHINA LEGAL PUBLISHING HOUSE

前言

preface

生活在这个节奏空前加快的时代里，越是高效能者，越是承担了更大的压力。从零分起步到获得优秀的分数，对优秀者而言很容易；但从优秀分数向着满分冲刺，每一步都会格外艰难。在这种情况下，哪怕你再积极面对，也难免会因为压力过大而产生种种情绪问题。

你很有可能因此而焦躁不安，忧虑担心，甚至易怒到了极点：一点芝麻大的小事就能够让你暴跳如雷、歇斯底里。

情绪是通往心灵的大门，它是我们内在世界的外在反映，同时更是决定个人人生状况的关键性因素。反复无常、无法控制的情绪除了会让他人误解我们，还会使我们的人生效率大大下降——这对于高效能人士而言，无疑是无法忍受的人生退步。

若你已经体会过，或者正在体会这种退步的话，你是否搞清楚了这样的事实？你最有价值的货币是情绪，是通过情绪与他人建立起更好联系的能力。其实，当你已经从“普通人”进阶成“高效能人士”后，你便应该已经意识到，从现在开始，单打独斗再也无法帮助你迈入更高层次的未来，你需要的，是集合众力、为己所用。

如何才能“集合众力、为己所用”？当然是向他人支付你的硬通货：你的情绪。工作场所中，表现出更恰当的情感能力，将会让你更领先于他人一步。

无须质疑，若你足够聪明的话，你一定已经发现了，在某个行业内成为领头羊者，其实就是那些率先表现出积极、善意的企业。

在这种情况下，情绪控制能力变得格外重要起来。

当然，你能够获得当下的成就，便证明，你已经对情绪控制拥有了一定的了解，你需要的，是远比一般情绪控制能力更出色的情绪控制术：高效能人士若想从“优秀”迈向“卓越”，就必须面对这样的现实：你要掌控的不仅仅有个人的情绪，更有整个团队甚至是包括你的上司、客户在内的关系人的情绪走向。只有如此做，才能在集合众力的情况下，在立足原有效能的基础上获得新的提升。

《超实用心理学与情绪掌控》便是为此而生：它所展示的，正是高效能人士要如何在更好控制自我情绪的基础上，利用恰当的情绪来引导、左右包括团队成员、客户等关系人在内的情绪走向。

通过本书，你将学习到如何应对负面情绪，如何改变思维习惯，如何整顿自律神经……通过学习这些高效能的情绪控制术，你将更有机会直视那些源自他人的负面情绪，并将它们进一步转变为能促进团队、自我效能提升的有用情绪，从而使自我、使他人、使团队共同获得更高效的人生。

本书中，充满了有关提升生活品质、工作效率最有效果的办法。如果你期望自己的人生可以从优秀迈向卓越的话，就请学习并使用本书中所介绍的简单技能吧！

它们会让你的人生出现比你的想象更好的变化。

之后，你就可以更好地享受因效能提升而带来的更美好的生活了。

目录

contents

1

第一章

压力不会坏事，是坏思维悄悄作祟

个人效能再高，也总会因为压力过大而遭遇低潮期，而情绪低落的时候，难免会影响到效率。其实，在很多情况下，压力并不会成为阻碍我们获得高效人生的拦路虎，而是我们自己的思维习惯导致了情况变坏。在压力之下调整情绪与思考习惯，使情绪恢复到平衡、稳定的正轨上来，是高效能人士再次在人生中实现全力以赴状态的关键所在。

1. 被坏思考绑架，能力在也会失去效用

遭遇莫大的压力时，任谁都会有生气、沮丧、不安的感觉，甚至有可能因此而升起罪恶感。但是，若就此被负面情绪控制的话，便很可能会采取攻击对方、逃避或者感觉到绝望等举动。如此一来，不仅会影响工作表现，甚至有可能让自己陷入困境之中。

为了避免此类情况的发生，我们必须先来了解一下压力。

胜杰在某大型综合电器制造公司的业务部门担任经理。他在公司表现一向出色，由于对工作充满热情，受到了很多人的肯定。半年前，胜杰成了新商品开发专案的负责人，他非常希望自己的团队研发出来的新产品可以成为下一阶段业务部的主力产品。人事任命下来时，主管业务的董事长还亲自鼓励他："加油！好好表现，别辜负大家对你的期望！"

可惜的是，这个专案团队只是一支混编的队伍。因为八位成员分别来自设计部、业务部、技术部三个不同的部门，所以从一开始时就状况不断。研发过程中，大家不是意见对立、不肯妥协，就是遇到了技术上的难题，总是被时间追着跑。每每遇到状况时，身为管理者的胜杰便会更严厉地要求自己："无论如何一定要完成任务，绝对不许失败！"

虽然胜杰非常努力，但随着专案截止日期越来越近，却没有丝毫成果拿出来，胜杰越来越不安，他担心，若专案无法在截止日期前完成的话，会辜负了大家的期望。因此，他不断地强迫自己压抑想逃避的冲动，同时更延长了加班的时间，期望在最后阶段把工作做完。

由于长时间承受高压，胜杰开始出现了明显的变化。原本温和、稳重的他，现在只要团队成员微微反抗他的指示，他就会发一通脾气，甚至与对方大吵一架。不仅如此，他的身体也出现了状况：不时出现的头晕、头痛、失眠，使他无时无刻都感觉疲惫。

终于，到了必须向董事会报告进度的日子，但那天早上，胜杰突然全身无力到了完全无法下床的地步，只得向公司请假。当汇报的时间开始时，躺在病床上的他不断地自责："我怎么会这么没用？"

从这个例子我们可以看到，胜杰最后被压力击垮了。不仅如此，由于长期承受巨大的压力，他产生了诸多的负面情绪，这些负面情绪严重影响了他的表现。例如：

◆ 由于工作进度落后而感到"不安"，因此想"逃避"；

◆ 由于无法达成共识而"发脾气"，甚至与对方"大吵一架"；

◆ 认为自己会失败而"沮丧"，不断地强制自己加班，以至于身体出现状况；

◆ 认为自己辜负了大家的期望，产生强烈的罪恶感，"觉得自己很没用"。

上述就是由于"过度的负面情绪引发了大量的不良行为"。当胜杰做出"逃避、大吵一架、觉得自己很没用"等负面反应时，不但于解决问题无助，同时还有极大可能做出令自己日后后悔的举动——频繁地因为工作与团队成员争吵，以至于破坏了自己温和、稳重的形象，这样的损失日后必定会让胜杰更懊恼。

其实，不管是谁，只要被情绪控制，即使个人能力再强，也无法充分地发挥，自然不会得到好结果。

● 懂得选择情绪，才能积极解决问题

从胜杰的例子中我们可以看出，若自己不想被负面情绪所掌控，就必须"战胜压力"。换句话说，就是在压力之下，善于调动正面情绪，并尽量利用压力的力量来激发积极的情绪。

假如胜杰懂得选择情绪，他就可以：

◆ 由于“担心”进度落后，尽可能“做足准备”；

◆ 由于无法达成共识而感到“不高兴”，于是便静下心来，试着和对方“沟通”；

◆ 发现有可能会失败而感觉到“沮丧”，因此，想要通过分享来舒缓自我情绪，并与所有人一起，找出具体的解决办法；

◆ 因为感觉辜负了大家的期望而“内疚”，并决定开始“反省”自己的问题。

以上这些，都是将负面情绪转变成积极行动的具体做法，其中，“准备、沟通、分享、反省”，皆是可以解决问题的积极行动。这样做，不仅可以帮助你摆脱负面情绪的干扰，使自我实力得到充分的发挥，同时还能够让你得到团队成员与上司们的认可。换言之，只要你的想法正确，自然可以得到好的结果。

● 摆脱坏思考，利用正向思考走出情绪困境

在“正向思考”被滥用以后，人们误以为，只要想尽办法从乱七八糟的现状中“找出值得开心的点”，就算事情再糟糕，也可以在心情上“自我疗愈”。但事实上，真正的正向思考并不是这样的。

正向思考的本意是帮助人学会将“情绪”与“现实”分开，它期望帮助人达到这样的目的：即使是面对无法控制的改变或者状况，也不能让形势（尤其是个人对形势的感受）来决定自我反应，而是通过一定的办法，帮助你跳脱当下的情绪，放眼未来的可能性，而非放任过往经验、当下感受来找到解决的办法。

其实，从“过去的经验”这种消极的态度来看待未来的话，无助于你采取主动、负责的态度来回应现下发生的事情。因此，真正的正向思考，其实是“看清现实，从中厘清转机”。这并非单纯的心灵自我安慰，而是一套真正解决问题的方法。

在做法上，你可以使用聚焦思考模式的7个步骤。

◆ 放慢速度去感受

放慢速度，试着去区别你眼下的反应与情绪，做出有意识的选择。思考你想要怎样回应变化，而不是让情绪主导你的反应。

◆ 承认现实

承认你当下的感受代表的是当下的想法——这是面对问题的关键。唯有了解了自我情绪以后，再来重塑个人思绪，才能获得真正的进步。

◆ 认清挑战

我们身处"凡事讲求即时"的时代，因此，最重要的不是忘记已发生的不快，而是迅速地决定继续往前走，这会使你所需要的时间与努力都降至最低。

◆ 清点与评估

人们有种倾向，当生活中有一件事情改变或者不顺时，便感觉所有的事情都在变化。现在，你可以列一张清单，检视已经改变、尚未改变的事情，并做出明确的定义：哪些事情已经结束了，哪些事情还没有结束。客观地看待自己的资源、选择与现实，将有助于你下一步采取正确的行动。

◆ 探索不同的未来

人们往往会以"过去的经验"，而不是"未来的潜力"来定义自己。但如果你利用当下的转机来向自己提出新问题："如果我改变做法，会产生什么样的效果？"或许会带来独特的机会。

◆ 慢慢踏出脚步

很多人曾以为美国电视名人黛波拉·诺维尔在33岁那年会彻底结束自己的演艺生涯。她曾经一夕之间蹿红，成为NBC黄金节目《今日秀》的共同主持人，却因为与另一位主持人互动不佳，导致收视率暴跌，董事会在短时间内决定将她辞退——此后很长一段时间，她都被消极情绪所控制，躲在家里什么都不做。

她重新找到人生控制权的第一步，就是让自己起床以后立即下床洗澡。一次洗澡以后，她决定每天都要这样做，次日，她为自己好好打扮了一番，并走出了家门。被局限在广播界一年后，她再度找回自信心，并尝试电视节目，最终获得了演艺事业的重新起飞。

看，一切就如同一句英国俗语所说的那样：“蚂蚁要怎样吃掉大象？一次吃一口就行了。”

◆ 庆祝已获得的成就

有些人习惯以固定化的方式、时间来庆祝自己的成就。比如，生日时的庆祝、退休时的庆祝。可是，何必等待？抓住每一次机会：只要你做出了任何代表新思维、让你有全新开始的行动，就可以好好庆祝。

当你能够按着上述正向思考的方式来摆脱坏思考时，你会发现，那些类似于“担心、不高兴、难过、内疚”等负面情绪开始给你带来了正面的影响：它们促使你更积极地去解决问题，而不是一味地沉沦在它们所带来的负面影响中。

2. 负面情绪也有“两面性”

人很容易对那些不愉快、不喜欢的情绪做出评判，称之为“负面情绪”。实际上，若你带着觉知而非无意识地去看这些情绪时，你会发现，负面情绪也有其优势在其中：越是大的负面情绪，其隐含的内容也就越重要、越有价值，只要你拥有掌控它们的能力，那么你就能够更深入地看清楚负面情绪的价值。

● 压抑的 B 面，压抑可以让你安全

暂时忍一忍，至少在当时的环境中，你获得了安全。在你没有能力或者准备去应对那个冲突之时，压抑保护了你。

> 比如，当上司因为一件微不足道的事情而对你大发雷霆时，压抑自己的不满可能会让你感觉痛苦，但以理性的态度向他解释，而不是单纯地发泄自己的不满，明显会让你处于有利的状态中。

所以，你应对自己拥有压抑这一本能情绪感觉到庆幸：至少它让你平安地存活了下来，甚至你现在要不要压抑自己，其实还是取决于你是否准备好了应对一个可能的冲突。

不过，压抑虽然保证了我们的一时安全，但是也会委屈甚至是扭曲我们自己的本性，甚至过度、经常性的自我压抑还会形成习惯性压抑。这并不奇怪：若一个人被锁在箱子里面太久的话，他的腿自然无法马上站立与走路。

若你不幸养成了压抑的习惯，那么，你便往往会在不需要压抑的时候依旧压抑，然后因为情绪的无处宣泄而感觉特别的委屈与愤怒——由压抑这一负面情绪，引发了委屈、愤怒等更多的负面情绪。

一个比较好的处理方法是，努力地觉察与区分：过去你不得不压抑，现在的情境你还需不需要这样，如果表达自我情绪的后果是我可以承受且愿意承受的，你是否可以鼓起勇气表达自己？在很多时候，因为压抑惯性的客观情绪，你会不敢、不愿表达不满，但事实上，只要你鼓起勇气，一切都会有大的改观。

- **愤怒的 B 面，愤怒里有自尊与力量**

当你处于习惯性的压抑中时，你往往很难不愤怒。愤怒里包含的是自我力量与自尊。力量自然是好的：很多你平时无力干、不敢干、懒得干的事情，当你愤怒时，你都可以做了，而且很可能效率极高。其实，回顾人类历史，我们便可以发现，人类很多精彩作为，都是在一怒之下甚至是盛怒之下做出来的。当然，也有数不清的灾祸与悲剧是因愤怒而产生的，所以，很多人在无法评估后果或者认为后果是自我无法控制的状态下，会选择压抑愤怒、不敢愤怒。

愤怒中蕴含的是超乎想象的力量，事实上，愤怒感越强，力量越强大。但值得注意的是，悲剧与灾祸并非因愤怒而生的，而是个人对愤怒中的力量未能正确使用导致的。有些人选择用愤怒的力量去破坏、去攻击，有些人用这力量去争取、去发展、去保护——如何使用这一宝贵的资源，完全掌握在你的手中。

更重要的是，当一个人愤怒的时候，其内心往往会发出不满的声音："这太过分了！""这太不公平了！""这太不应该了！"虽然每一次引发愤怒的原因都可能有所不同，每一个具体愤怒的人头脑中的观念、界限都千差万别，但愤怒中所追求的自爱与自重却是事实，这也是为什么可以表达愤怒的人都不会过于内在受伤的关键。

• 嫉妒的 B 面，它告诉你想要的是什么，以及你有多么想要

面对同事的成功，你强掩自己的不满，表面上恭贺他的出色，但在私下里，你却向朋友与家人大道他的不足之处——你嫉妒了。

若你可以稳住神，不去急于排除、否认这种不快，而是可以借机对自己看得深一点，你就会发现自己内心诸多的饥饿：你会看到自己真正想要的是什么。嫉妒他人事业的成功，证明你对自己眼下的职位、待遇还不满意；嫉妒他人的家庭快乐，证明你认为自己的生活还有可待提高之处。嫉妒得越狠，越证明实现那一目标对你有多么重要。

通常这并非一条轻易可走的路，但它却通往了美好与希望——在这条路上，让我们难受的嫉妒，恰恰是我们人生前进可参考的信号灯。

• 悲伤的 B 面，它包含了疗愈

看到一个哭泣的人，我们下意识的想法往往是去安慰他。但事实上，不去劝才是最好的处理办法：悲伤的尽头就是接纳。若一个人通过悲伤来获取同情与认可的话，那么，这是他错误的、扭曲的选择。自然的悲伤是一个认清自己、与自己连接的好机会，而不是操纵他人来达到自我目的的途径。

如果目前你正因为某件事情处于悲伤之中，那么，只要环境、时机允许，你就应尽情地悲伤：允许自己哭泣与难过，其实是一种情绪上缓慢的自疗——在充分的悲伤后，你才有可能接纳那个巨大的失落，并进而开始新的生活。

• 无聊的 B 面，它代表着你在意生命的意义与价值

如果你不急着将无聊赶走的话，无聊甚至可以称得上是宝贵的：当你已经成功地被他人视为“高效能人士”以后，你会发现，自己的生存已不成问题，所有的社会要求大概也都过得去了。无聊可以让你开始自问：我内心想要的是什么？我的生命意义何在？

只要你不畏惧无聊感，只要你不会因为这种不舒服而急于摆脱它，你便有机会与内在的真正需求见面。无聊或者感觉对当下没劲儿，恰恰是你的潜意识在告诉你，现在做的并非你想要的，是与你不适合的。

那么什么才是你想要的？现在，你就可以趁着自己无聊时开始寻找了。

- **焦虑的 B 面，它能够调整你大脑中的刻度**

焦虑是恼人甚至是可怕的，但它本身却包含了极有价值的东西。可以承受的焦虑使你变得更加小心、认真，难以承受的焦虑可以带给你更意义深远的东西，它会告诉你，你哪里想错了，你哪里的界限是有问题的。

最常见的焦虑往往因为个人不顾现实而对自我抱有过高的期望。比如，你因为希望更快、更好、更早地完成任务，而不顾及事情的节奏。但倘若此时你可以深入剖析自己的焦虑，你便会发现头脑中的刻度偏差。将那个刻度调整过来，就会变得安然而有效——这将避免你日后无数的挫败、自责、失眠与慌乱。

如果你对情绪坚持回避的话，你必然会被它更频繁地打扰——负面情绪也有“两面性”，只有当你了解了它们的起因、发展与结果以后，你才能够更有效地运用它们。

3. 坏思考的典型特征：听起来很积极

很多人都认为，积极思考很重要。

> 贸易公司的李先生正准备向客户提出新的企划案，他以“因为是我想的企划，因此绝对会大大畅销”的积极思考去进行简报。在他看来，这一积极思考，对提升顾客、对下一步准备推向市场的新产品的信赖度大有帮助。再者，以“也许会失败”的坏思考去面对时，应该有很大的不同。

可是，在这一阶段，这并不能称为真正的积极思考——只有当那个企划案被客户认为一文不值而且被原封不动退回来的时候，才是你真正需要去发挥积极思考的时候。

在离开客户公司的大楼时，很多人会因感到屈辱和懊悔而无可奈何甚至是泪流满面。多达99%的人都会想："自己的想法未能得到客户的理解。""再也不想与这些人打交道了。"可是，李先生却因为"被大家理解"的喜悦不断地渗入心头而越来越有干劲儿。

"我非常不甘心，可是，他们会将话说到那样的地步，就表示他们原本对我怀有极大的期待。他们退回了这份企划案，其实也是一种关爱的表现。下一次，我一定要想出更出色的企划案来回应对方的关爱……不，是期待。"

能持此类"错觉"的，只有1%的人，而事实上，一个月以后，抱有此想法的李先生提出了让他的客户眼前一亮的企划，漂亮地反击成功。

不管状况多好抑或多坏，即使身处在极差的环境中，依然会认为"自己很幸运"的人，才算得上是真正拥有积极情绪的人。另外，有99%的人都可能会认为"那样的人看起来很像是傻瓜"，但是，在任何领域都可以站稳脚跟的人，绝对都是那群人。就好比已经成了大明星的女演员，在未成名以前被前辈欺负时，往往不会将想法放在"我被欺负了"的满腹委屈上，而是会将重点放在"我要更努力，以让大家来嫉妒我的演艺才华与美丽"上。

所以，情绪管理专家们才会认为，积极的思考方式对个人成功很重要。但是，坏思考方式往往会先入为主地进入我们的大脑——至少，对99%已习惯坏思考的人而言，我们总是会不由自主地陷入此类想法中去。如何才能做到将"坏思考"转变为"积极思考"呢？

- **在看起来积极的话语中，其实隐藏着强大的负面思考**

积极思考之所以很困难，原因就在于我们的思考往往只是思考，却未能独立。思考往往是跟随着情绪一起运作的，若情绪是负面的，便无法只将思考转向积极，因为根本不可能情绪明明是"不愿意"，但大脑却感觉"真幸运""我的机会来了"！

因此，在"努力吧""加油吧"这些话当中，我们会慢慢地发现，它们其实潜藏着极其强烈的负面情绪：它们不仅在暗示你，你已经处于失败的境地了，同时也强化了你在潜意识层面的价值观——只有成功才能得到他人的认可，只有摆脱困难的处境才是人生的胜者。

除了模仿那1%的成功者以外，我们是否应该去尝试着寻找能更简单地拥有积极思考的方法？

- **摒弃死脑筋，让自己的心中怀有期待**

如何才能在事情前景不明朗甚至是面临失败时保持积极的心态呢？从结论上来说，努力以“期望式思考”来取代“我要更努力”“我要继续加油”的坏思考是不错的办法。

“我要更努力”“我要继续加油”看似积极、实则是死脑筋式的想法，如果你在问题发生时坚决地保持着“我要更努力，以使这个问题绝对不会发生”的想法，那么，当问题发生的时候，你就会认为事态已经发展到了令人难以忍受的地步，并且被逼入了强烈的不安与绝望当中。

到了这一地步，便很难要求自己再冷静下来去处理问题了：人在巨大的压力之下，很难将工作做好，因为即使再怎么努力，也会因为压力的关系，思维变得僵硬，情绪变得不稳定，行动也会更容易急躁，于是，解决问题的效率必然会降低——这也是我们要摒弃死脑筋思考，将精神放在“期望式思考”的理由。

- **运用“期望式思考”提升解决问题的效率**

“期望式思考”的运用其实很简单：

◆ 在恢复原状型的问题上，便在心里想：“我原本就不希望这种事情发生。”

如果在有可能发生重大事故的项目运作过程中，心里一直想着：“我原本就不希望有重大事故发生。”那么，在接下来的事情中，即使最不希望发生的事故真的发生并需要你去将事情恢复到正常状态的话，也远远好过认定“问题绝对不可能发生”的心态——后者看似积极，其实将自己的想法逼入了死胡同：“我绝不认可问题的发生！”坏思考与当下的处境产生了矛盾，个人心理自然无法接受，于是，便很有可能将眼前发生的状况当成“不可能发生却已经发生了的严重悲剧”。

而期望式思考的积极之处就在于虽然状况不如预期，但是，因为之前已经设想过它有可能会发生，现在不过是想象变成了现实。由于这样的想法不会引发认知上的混乱，因此，个人往往可以冷静地处理更重要的内容。比如，拟订紧急处理计划、分析从根本解决问题的可能性、分析原因、预防复发策略等。

◆ 在防范潜在型问题上，便在心里想："我真不希望发生这种问题。"

如果你明明知道某件事情有 1% 的概率发生潜在的危机，却抱持着"这是根本不可能发生的事情"，或是"发生这种事情是最严重的悲剧，因此我根本不愿意去想"的思维困境，那么，当事情发生时，你很可能会陷入忙乱与失望之中无法自拔。

与面对恢复原状型问题一样：若你可以认知到不希望发生的事情依然有可能发生的话，便可以在事情发生以前冷静分析。换句话来说，你可以踏入防范潜在型问题的解决步骤之中：

①先冷静下来，仔细地思考；
②确定引发不良状态的诱因；
③拟定预防策略，排除有可能的诱因；
④预先拟定发生不良状态时的具体应对策略。

如此一来，你便在预防、后续挽救方面做好了准备。不管事情发不发生，你都能够以更坦然的心态去面对它们。

● 预先模拟"积极思考"

我们可以看看死脑筋的坏思考是如何一点点地增加你的压力的："这种事情绝对不会发生，绝对不可能！原本它就不应该发生的！现在它却发生了！真糟糕，完蛋了，没救了，我死定了！到底是谁导致的这一结果？一切都完了，现在做什么都晚了！"处处充斥着负面情绪的坏思考在最初时看似怀有积极的想法，但后来却逐渐地走向了彻底的负面情绪，因此，你应该竭力避免自己陷入此类思维中去。

积极思考必须建构在几个层面上。比如，肯定相对性愿望的价值、否定绝不退让的态度、承认愿望未达成、评价现实状况行动等。

以恢复原状型问题为例子来说，你可以在心里模拟："我原本就不希望这个问题发生，能不发生的话，不知道该有多好。我真的很不希望它发生（肯定相对性愿望的价值）。"

"但是，我找不到任何理由保证这个问题不会发生。若有这样的理由，就不会发生这样的问题。我只是很希望它不要发生而已（持否定、绝不退让的态度）。"

"虽然这让人不愉快，但是，再怎么强烈的愿望也不一定能够心想事成。令人遗憾的是，事实已经摆在眼前了，问题已经发生了。虽然心里很难过，但是，难过的事情只限于事情发生时为止（承认自我愿望未达成）。"

"现在的状况当然令人不满，眼下的问题对公司产生了极大的困扰。不过，状况并不是难以承受的悲剧，因此不需要绝望。现在，事情只不过有很大不便而已，并不是世界末日。总会有解决办法的，明天太阳依旧会升起，因此，接下来就脚踏实地、一步步地解决问题吧（评价现实状况，并拟定行动）！"

现在，你意识到了坏思考的破坏力与积极思考的正面力量了吗？当你能够锻炼自己以期望式思考来代替坏思考时，你便会发现，自己越来越能够坦然而从容地面对工作中的种种危机了。

4. 不安、自我信任，共同成就了"坏焦虑"

先是全身感觉到刺痛，然后自己的精神陷入了麻痹，你开始无法思考到底要做出怎样的决定。不切实际的工作要求引发了你的焦虑，但你发现不做决定让事情变得更糟糕了，因为这样一来，你的效能就在下降。

你试图掩饰自己的不安，因为你害怕上司会认为自己不适合干这份工作。在你所在的办公室里，"埋头苦干"是盛行的文化，因此，人人都不愿意承认自己是有弱点的人——在这样的环境中，你希望自己被视为高效、抗压能力强的员工。

你坚信一旦表露脆弱，你的老板就会开除你——你反复地回想着一切正在变坏的迹象，并越来越确信，自己正在失去老板的信任，这让你越来越焦虑。

高效能人士往往拥有极强的承压能力，造成压力的性格特征同时也是高成就者获取到他们眼下的地位的原因——取悦他人，完美主义、希望成为强人以及对出现威胁的高度警觉。

焦虑常常出现在威胁接近时：当你认为未来是一片黑暗时，你就会想要做好准备，阻止不好的结果发生。一个人产生焦虑的感觉时，最先反映在思想上，然后才是身体。比如，在重要的考试到来以前，除了局促不安以外，身体还常会出现头痛、反胃、流汗等症状。

只要对外在压力感觉到担心、害怕，焦虑的情绪自然会流露出来。它的出现原本是为了保护我们，使我们在真正遇到危险之前便能够有所准备。所以，越接近考试的日期，焦虑的症状便会越明显，其目的就是督促我们开始好好地准备。

可是，若我们的焦虑从一段时间，延长到了生活中的每一天，会发生什么事呢？

持续不断的焦虑是一种坏情绪，它分为两类：

- 极度焦虑：这样的人只要遇到了新变化、新情况，或是遭遇了不幸的事件，就会如同缩头乌龟一样，马上躲到壳里，默默地忍受一切变化。
- 长期焦虑：此类人每日面对挑战时，都会害怕到方寸大乱、毫无头绪。

不管哪一种焦虑，都无法再促使你好好地准备，反而会让你感觉到空虚、无力，感觉悲观又沮丧，生活没有意义，并有可能让你产生极端的负面想法，从而必须花费更大的力气去达成原本设定的目标。若你继续以这种模式生活的话，你的人际关系也会出现极大的问题，最后，你失去的不仅仅是积极向上的工作情绪，甚至有可能是尽情享受生活的能力。

若你发现自己的焦虑开始偏离正常的航道、走向了彻底的坏情绪，那么，接下来的重点就在于找出负面焦虑是如何产生的。唯有找到根源，你才能知道如何对抗，进而减少焦虑进一步变坏的可能性，使焦虑以原本的良好面貌再一次出现。

- **找出焦虑的关键所在**

想想看，遇到工作压力、经历一次大错误，你有多少次会感觉害怕、不安或担心？

如果你的回答是常常有这样的感觉，那么，你的焦虑便已经是坏思维了。此时，你首先应该意识到，所有的事情都是脑子想出来的，因此，你应先好好观察一下自己的思想。若你当下无法静下心来检视自己的念头，也请稍微想一想，在大部分时间里，自己都在思索些什么？你的思维到底一直在围绕着什么转？那就是你有毒焦虑的关键所在，因为你脑袋中的思维正在用错误的方式诠释着现实。

想的不一定是真的，这你当然明白，但你内心依然会在某种程度上相信自己的感觉——也就是说，你依然认为那是真的。这就足以让你产生焦虑，因为只要你的脑袋认为会发生某些不好的事情，你的大脑就会开始传递焦虑的症状。所以，你必须学会不让想象的事物影响你的情绪。

- **透视坏焦虑的症状**

不要认为自己很可怜，其实在这个时代里，焦虑是非常普遍的毒性情绪。仔细观察每天的生活，不管是在学校、家里还是在工作场合，你都会发现，很多人借由无意识地咬指甲或是暴饮暴食来排解压力。有些人在重要的时刻到来以前便秘，有些人则会体温升高。

上述症状没有一个是器官或是身体方面的原因造成的，反而是很清楚的警讯，而且非常有可能是焦虑的表现。因此，若你是一个很容易焦虑的人，那么，你的身体、心灵都会受到影响，就算你想要否认、掩盖，你的身体依然可以觉察得出来。

若过度焦虑，大脑会想办法让这种坏情绪冷静下来，并因此而埋首工作、暴饮暴食。最糟糕的是，我们常常会将这样的行为当成自我疗愈的方式。

焦虑最常发生的症状	焦虑未处理好时的严重症状
◎ 害怕或恐惧 ◎ 没有安全感 ◎ 担心 ◎ 惊吓 ◎ 钻牛角尖 ◎ 犹豫不决 ◎ 失眠 ◎ 觉得处处受限，无法掌控自己的生命 ◎ 过动 ◎ 对事物失去兴趣 ◎ 动作笨拙 ◎ 喃喃自语 ◎ 神经痉挛	◎ 心跳加速 ◎ 高血压 ◎ 胸口沉闷 ◎ 窒息感 ◎ 反胃 ◎ 消化不良 ◎ 腹泻 ◎ 肌肉紧绷 ◎ 呼吸困难 ◎ 汗流浃背 ◎ 全身无力

不断地思索未来、担心自己，过度地想象可能会发生但事实上却从未发生过的事情，只会让人疲惫不堪。你的脑袋需要休息，更需要一些平静。

- **从小动作开始，让自己再次回到可控制的状态**

离开已经成为坏情绪的焦虑完全是你能力可及之事，小小的态度就能够让你的情绪有很大的转变。以下是一些可以降低压力、释放各类焦虑的有效办法。

◆ 开始去更细致地感受，到底什么事情会成为你焦虑的来源；

◆ 思索所有会偷走你平静的事物，并在当下就决定丢弃它们；

◆ 采取可以让自己享受生活中的愉悦与宁静的原则；

◆ 减少或完全排除会让你焦虑的事物；

◆ 培养可以让你的身心都觉得平静（而不是相反状态）的新习惯；

◆ 不要整天都在看那些报道坏事的新闻。所有人都喜欢接收资讯，但如果你读到或听到的新闻是不好的，而且还反复接收相同的讯息，就会增加你的焦虑，还不如去阅读一本好书；

◆ 让有用的资讯充实你的生活；

◆ 每天都学习一项新知；

◆ 注意身体健康；

◆ 确保自己有良好的睡眠及健康的饮食；

◆ 一个星期有规律地运动三四次，因为运动可以降低压力，你的身体会成为你最明显的个人名片，他人可以通过观察它，来得知你的精神与生活状态，因此，你应爱它、照顾它，与它和平相处；

◆ 远离负面人物，这并非要你孤立自己，而是指你应设下有益于自己的界限；有些负面的人喜欢谈论自己的苦处，讲他人的闲话，这些人对你的人生完全没有帮助；若他们赖上了你，也不要让他们的言行改变你的心智，更不能让他们来决定你的心智状态；

◆ 接受那些抱持正面心态的人，那些言行与思考都非常正面的成功人士会传递平静、开心与欢愉的感觉，所有人都喜欢与他们在一起。去寻找这样的人，与他们共处，观察他们，并向他们学习。让这些拥有正面心态的人带领你，他们会增添你的生命光彩；

◆ 去帮助一位需要帮助的人，不为任何利益地提供协助，这可以帮助你的心智远离自己的烦恼与忧虑；

◆ 找一个你真正信赖的人，然后与对方分享你的感受——与他人谈论发生在自己身上的事情，是控制焦虑的最好办法；

◆ 让自己开始习惯说正面的事，而且，光说还不够，你还要真正地尝试着去以正面的态度去做事；

◆ 讲话以前先想一下，话语是一种工具，它将有力量建构你的未来，或是解构你的人生；

◆ 随身带着笔记本，每天记下至少一件让你感觉开心或是感恩的事情，专注于正面的事情可以使你远离那些引发负面情绪与行动的负面想法；

◆ 永远怀有美好的期望，不要甘于平庸，你不是为了过平庸的人生而被创造出来的；

◆ 经常做一些对自己来说相对新鲜的事情，就算害怕，你也应勇于尝试。害怕并不会因为怯懦而消失，只有采取行动，才能将它踩在脚下。

需要注意的是，你应该改变的是对自我负面想法的信任，而不是对积极力量的信任，因此，你应想象自己是一位成功人士。在某件事情发生以前，你必须先在心里看到它。想象力可以将你希望成为的那种人形象化。当你看到了想象中的自己时，你会发现，焦虑已经远离了自己。

5. 搞清楚："绝对化"的思考逻辑到底哪里有问题?

你所在的公司面临着一次巨大的财务危机：由于上半年决策失误，导致了公司的现金流严重不足。如今，你有一次扮演"孤胆英雄"的机会：一位重量级的客户决定听一听你上一次跟他提到的合作方案。如果他感觉你说得合理的话，他将斥资300万元来做这一项目。

上司自然对你抱了很大的希望，但他们也认为，想要吸引如此巨大的投入肯定不易，因此，他们并未过分苛求你，只是嘱咐你"尽力而为"。

但你却较了真："这次行动必须成功！"

"这次行动必须成功"的"绝对式思维"，乍一看好像很勇敢，听起来也很积极，但这种思维其实是一种脱离了现实的坏思维，它很有可能造成个人情绪上的过分偏执。

在这种绝对命令式的要求之下，如果"必须成功"的谈判实际上失败了，个人该怎么办？一旦出现这样的事态，就相当于绝对不应该发生的情况发生了，这种巨大的矛盾会引发心理上的强烈困惑与纠结：当你发现那位重量级的客户真的只是"听听而已"时，你必然会陷入无法估量的失望中——你会认为自己很没有用，进而想到公司上下的殷切期盼，甚至会想到日后自己在公司里有多么难挨：给了他人希望，却又让他人失望。

希望你不要将这一悖论当成简单的修辞手法一笑置之。“绝对不应该发生的事情发生了，或者可能发生”的情况，当然是最坏的结果，而且也是令人难以接受的悲剧。况且，当发生这种“最坏的结果，也是令人难以接受的悲剧”时，转嫁责任的动机便会开始起作用，而且，这种绝对化的思考往往会引发更加庞大的沮丧、负罪感、愤怒等有害的负面情绪。

“这次事情必须成功”的思维，的确有可能促使你为了获得成功而拼命地努力，可是，就如我们之前所说的那样，这是一种坏思维，只要一步走错，就有可能造成情绪上的严重混乱。

更重要的是，因为你之前已经坚信了“这次事情必须成功”，那么，只要事情表露出失败的可能性，你便有可能瞬间掉入极深的负面情绪中去。因此，做事的过程对你而言已经再无乐趣可言，而是会形成巨大的压力，深深的不安会让你根本无法享受工作带来的满足感。

人在承受过大压力的状态下，是无法做好工作的。即使拼命地努力，也会因为不安与压力而变得思维僵硬，情绪也会更容易不稳定，行动也会短路。即使再拼命努力，个人效率也不会很高。

如何才能减少绝对化思维导致的情绪恶化？这就需要你从反思自己的情况开始做起。

- **反思自己的情况**

当你开始处理真正的绝对化思维以前，最需要考虑的就是你的情况：如果你最近处于一个特别紧张的情况之中，或者遭遇了某种不幸，让自己放松一些——这是你内心处理问题的方式，虽然它很糟糕，但它的确有效。

如果你的绝对化思考似乎是最近出现的（至少是六个月以内），那么，你需要更积极地处理：我遇到了什么样的事情，让我开始了偏执性的想法？在最开始时，尽量地安慰自己：一切糟糕的事情都会过去的——这会在最大程度上缓解你的紧张情绪。

- **认知你的绝对化模式**

当你确定了自己的绝对化想法出现的情况以后，你就需要观察自己的特有模式了。我们都会有某种情绪波动，但并非所有人都知道波动的时间与原因。

当你感觉自己走入了绝对化时，花一点时间想想。

这里有几个唤起大脑的问题：

- 我的绝对化思维多发生在早晨、下午还是晚上？是不是因为我累了？
- 我的绝对化思维加重是不是受激素波动的影响？
- 我的绝对化思维跟季节有关系吗？
- 我的绝对化思维是不是在特定环境里发生的次数增加？是在工作单位还是在家里？

一旦你认识到自己的模式，认识和处理绝对化思维会更加容易。只有在分析出绝对化思维的模式是否真实并合乎逻辑时你才能够处理它。

- **强迫自己在面对易引发绝对化思维的消极事情时，选择有益的负面情绪**

此时，你不是仅仅要告诉自己去更积极地思考，而是要做一些更加实际的事情：在开始陷入绝对化思维之中时，积极的思考往往是不可能的。你或许可以制止消极的想法，但你很可能没有办法主动创造出积极的想法。因此，每一次发现自己的想法消极时，不如这样想："这都是废话！我必须看到事情好的一面！"

如何去看到好的一面？这就需要你通过有益的负面情绪，来改变自我想法。这种有益的负面情绪包括了悲伤、担心、斥责、不愉快等，它们易于促进改善状况的积极行动。

相比之下，沮丧、不安、负罪感则更靠近有害情绪一些，沮丧会造成自闭，不安很容易导致逃避，负罪感则会造成自我否定……这些负面情绪很容易导致个人采取致使事态恶化的消极行动。

相反，有益的负面情绪却会促进积极的行动，如悲伤会促进分享，担心会促成准备，斥责会导致反省，不愉快则有可能引发对当下的谈判。

- **处理你的不安全感**

很大一部分的绝对化思维来自对自我的不满意。如果你认为自己很漂亮，你自然不会担心他人取笑你的长相，不是吗？减少绝对化思维就如同处理症状一样，不安全感是引发它的最根本问题。

其实很多事情都需要自信，当你有自信心，你就会更加理智地衡量自己身处的环境、遭遇的具体情况。在这种时候，你的想法也会呈现出更公正、更积极的一面。

- **使用符合逻辑且基于现实的"希望式思维"**

"必须式"思维在逻辑上存在着极大的跳跃性：你所主管的事情成功会带来巨大的利益，反之，事情失败也会造成很多损失。然而，这些不过是你"希望项目成功"这一主张的论据罢了，并不能成为"必须让事情成功"的论据——归根结底，事情成功，只是你个人的"希望"而已，而这种立足于个人希望的想法只能说是无视事实的——就如同你希望自己在明天立即成为亿万富翁一样：它只是看似美好、实则不可靠的个人期待。

"希望式思维"是一种更合理的思维方式，它是指在做事时，抱持着"很希望这次事情可以顺利，但也有可能会失望"的想法。这是一种辩证式的、愿望性的、更现实的良性的思维。

抱着"很希望事情顺利"的想法，自然会为了实现希望的状况而付出应尽的准备与努力，不仅如此，就算事情失败，也不会想当然地将事情想得绝对化的糟糕。如此一来，便减少了过度悲观绝望的可能性，更不会感觉到"无论如何都无法接受"，同时更可以在很大程度上降低强烈的绝望感、负罪感等负面情绪产生的概率。

现在，你知道自己"绝对化"的思考逻辑错误出在哪里了吗？当然，仅仅因为绝对化的思维逻辑很可能并不会让你面临全面的负面情绪爆发，但如果绝对化的思维逻辑配合了坏的思考方式，那么，你便有很大的可能会因此而被负面情绪所困。

6. 接受不完美，成为"最优主义者"

你在名列世界500强的一家外企工作，由于表现出色，你得到了不少业内人士的好评，是通常人们都非常羡慕的“白骨精”（白领、骨干、精英），还是所有亲戚朋友眼中的贤妻良母。为了扮演好社会、家庭等多重角色，你更是忙得不亦乐乎，没有丝毫的满足感，时刻提醒自己不能放松，要努力做好每一件事，尽量做得十全十美。

最近几个月，你总是感觉自己做什么都力不从心，工作也时常出差错，业绩也一步步地下降。现在，你的身体越来越不好，经常出现头疼、胸闷、晚上失眠、记忆力下降等状况，脾气也控制不住，动辄就发怒。大家都觉得你像是变了一个人。

完美主义表现在对自我过于苛刻，一门心思地想要达到他人（父母、上司）的要求，以至于怀疑自己的实际能力。适当的完美主义会帮助你获得更高的成就，但过度的完美主义却有可能造成严重的后果：如果你将目标设定得过高，甚至高到无法达成，那么当结果真的落空时，你自然会感觉极度沮丧，这其实是很容易理解的。

美国伊利诺伊大学的心理学家们指出，力求完美的愿望会减弱人们对自我的满意度，阻碍他们达成更多、更实际的目标。完美主义者看似无瑕的行为，实际上却会不断地侵蚀他们的努力。

你是完美主义者吗？

以下是完美主义者最常出现的十大特征，若你发现自己与7个或7个以上的特征相符合的话，便说明你是一个完美主义者了。

- 我完全不接受多数人的想法；
- 我信奉组织体制；
- 从未公开显示任何消极的情感；
- 无论犯的是多小的错误，我都会感到很不安；
- 我总是庸人自扰；
- 我暗自觉得自己不如人；
- 我经常在事后批评自己；
- 我将自我的价值建立在他人的评价上；
- 我不愿尝试新的事物；
- 我十分注意自己的不足。

完美主义的根源，是幼儿式的二分法思维模式，即“要么全有，要么全无”的极端思维。

从表面上来看，完美主义者的世界非常简单：事情只分为对或错、好或坏、最坏或最好、失败或成功。他们的眼中不存在过渡环节，没有偏差，更没有复杂的特殊情况。恰如心理学家阿瑟·帕查特所说的那样：“对于完美主义者来说，连续统一体上只存在着两极，他们无法意识到，其实还有一个中间地带。”

完美主义者的思维方式最坏的地方在于，它所追求的是从一个极端到另一个极端。一旦你被这种极端的思维所控制，那么，在你看来，在通往终点的直线道路上，任何一个偏差——无论这偏差有多么短暂、多么微小，对你而言都是一种不幸的失败。

完美主义会使你对失败产生强烈的情绪：若做不到最好的，那便是最差的，要么非凡，要么平庸，不存在中间地带。

相比之下“最优主义”则有其优势：最优主义者意识到，虽然成功或失败的标准是客观存在的（你追求的目标成功了或是失败了，你在比赛中赢了或是输了），但在两个极端中依然存在着诸多的可能性，这些可能性对你自身而言是必要的，并且其价值非凡。

最难能可贵的是，最优主义者在不算完美的表现中，也可以找到价值与满足，即“幸福”，这是作为完美主义者所无法得到的。

你苦苦追求的幸福其实存在于某一点上，这一点被当代人称为“工作与生活的平衡点”，不过，平衡点到底在哪里？在现实世界对我们的压力之下，什么是最佳方法，可以真正地帮助我们平衡自我所有的承诺与期望，帮助我们在所有需要做与想要做的事情上找到平衡点？这需要你对自我思维做出极大的调整，并以一种全新的方式来管理自我时间与期望值。

- **接受事实**

当你想要克服自己的完美主义时，你应首先接受这样的现实：我是凡人，我无法面面俱到。

- **学会激励自己，而非谴责自己**

如果你陷入了对完美的追求的话，你便会经常性地谴责自己，而不是激励自己：在失败的时候谴责自己，在成功的时候又不奖励自己，这是很多人的做法，但这样的做法对自己是一种不公平，更是对自我努力的轻视。

自我厌弃换不来行动力，而只会导致更严重的情绪问题。未达成完美的自责与内疚会让我们陷入“追求完美——→未达成完美——→自责”的恶性循环之中。更重要的是，一味地谴责自己也会消耗掉你大量的心理能量，带来更多的负面情绪与压力。在这种情况下，你自然无力去自控、无法理性地思考，更不能振作起来去克服负面情绪。

相反，对自己的爱与自我接纳却可以让你变得更乐观：阶段性的胜利时，对自己进行奖励或是庆祝，可以帮助你更好地意识到，你并非一无是处，而是真正地在某件事情上取得了进展。

- **展开自我询问**

如果你发现自己陷入了对工作或是某些事情的“完美要求”之中时，试着找出自己人生中最重要的五个方面，并问问自己：“在对我而言非常重要的这五个方面，每一个方面做到什么样子就算是‘足够好了’？”

对我而言，最重要的五个方面	这五个方面，做到什么样子，就算是足够好了
1. ______ 2. ______ 3. ______ 4. ______ 5. ______	1. ______ 2. ______ 3. ______ 4. ______ 5. ______

- **运用“足够好了”的策略，面对自我人生**

完美主义者的思维狭窄之处在于，他们试图在生命中的每一个方面都达到完美，但这最终却会导致妥协与挫败：在现实的时间限制下，我们的确无法什么都做到。

只有摒弃完美主义者的极端思维，如同“最优主义者”那样，你才能更善于接受与适应不确定性与变化，才能学会接纳失败与不完美。而“足够好了”的思维方式背后所隐藏的基本理念在于，我们必须从整体上接纳与遵从自我生命的限制，然后，寻找最佳的或是接近最佳的方式，来对自我时间与精力进行分配。事实上，唯有“足够好了”这种思维方式，才能够真正地引导人们做到最好，达到个人表现的最优水平——而这些恰恰就是你能想到的最佳解决方案：在各种各样的要求与生活的限制之下，自己所能做出的最好的安排。

采用“足够好了”的“最优主义者”思维方式后，你会发现，自己的压力减轻了很多，你会修正自己一系列的期望值，更会发现，一种未曾有过的满足感代替了过往一贯的挫败感。同时，你还会出乎意料地斩获更充沛的精力、更集中的注意力。你从完美主义者的幻想世界走了出来，慢慢地变成了一个“足够好了”的现实主义接受者。

2

第二章

整顿自律神经，不做激情的奴隶

因本身出色表现而获得的一定权力与优待，高效能人士往往更容易受到激情的奴役，但值得警惕的是，这种因能力优越而赢得的激情往往会让高效能人士在意外状态下出现能力、表现上的失控。早在千年以前，自制克己、安然承受情绪的风波，避免沦为“激情的奴隶”便已经成了哲学家们公认的美德。使自己减少突然性的情绪变化，个人才有可能获得更高的成就与更多的幸福感。

1. 真相：疲劳状态下，人更容易失控

亚力已经好几个月感觉到无法解释的疲惫了，早上不想起床，整日提不起劲儿来，不想与人说话，就连最能让他的绩效提高的客户都懒得见了——在往日里，这可是亚力最喜欢的工作活动。谈起自己这几个月的疲惫，亚力说，哪怕一整天闲来无事，也会感觉到自己的肌肉与关节在痛。

如果只是自己身体有疲惫感还好，但更令人感觉麻烦的是，亚力最近发现自己越来越难以控制情绪了。就在昨天，他还为了采购部门没有购买他习惯使用的某牌办公笔而发了一通火。类似这种鸡毛蒜皮的小事，越来越能激起他的不满。

员工们也发现了自己主管最近的不对劲，于是，他们开始闭上心扉，不愿意与亚力再对一些关键的小细节进行讨论——当然如此：知道面前的主管变成了炮筒子，谁还要往枪口上撞？

一向理性的自己为什么会陷入这样的不堪之中？亚力有些不解。

一时的疲惫不堪可能彻底地休息一下就能够缓解，但是，长期如此，你就应该考虑自己是不是陷入了慢性疲劳症候群。

往日里，这种慢性疲劳症候群被称为“雅痞感冒”，它被专业心理医生们称为“一群歇斯底里、上层阶级的抱怨”，因为它虽然会让本人陷入无法解释的头痛、肌肉痛、失眠、疲惫感，同时还会伴随相当严重的情绪失控，但旁人却往往视它为无病呻吟。

伦敦大学慢性压力症候群专家柯尔·阿德拉指出，罹患此症者往往属于精

英人群，他们因为太过专注于工作而忽视了自身的休息，并因为压力与疲惫的累积而陷入长期的慢性疲惫中。值得注意的是，在罹患该症后，其中有八成病人并不知道自己已经疲惫到生病了。

显然，减缓乃至于治愈慢性疲劳，都需要从认识到自己生病开始。

- **你有慢性疲劳症候群吗？**

慢性疲劳症候群（Chronic Fatigue Syndrome，CFS）最显著的症状是至少4个月的无法解释的疲惫感，即使休息也无法缓解，这样的疲劳严重到让个人的日常工作活动降到了正常状态下的一半。

要确认自己是否罹患 CFS，病人至少要有四种下列持续6个月以上的症状：
◎ 注意力不足或者短期记忆不足，并影响到了正常的工作；
◎ 咽喉部位疼痛；
◎ 一个星期有4次以上的情绪失控；
◎ 与生病不一样的头痛，或者比以往更严重的疼痛；
◎ 没有办法通过睡眠来恢复活力，醒来时感觉没有休息够；
◎ 大量工作以后有极端强烈的反应，如腰酸背痛感明显。

现在，你有必要先知道坏消息：没有快速恢复 CFS 的方法。它是一个典型的、由一段时间的储备精力流失而导致的一种消耗，它需要保证能量的供给并恢复活力，但好消息是，你现在就可以利用以下方法来缓解疲劳，它们可以显著地增强你的精力。

- **身体、心理/情绪和精神疲劳**

精力的消耗会发生在身体、心理与精神上，而 CFS 往往是由身体的疲惫发展到精神的疲惫的，因此，先辨认自己的疲惫属于哪一类非常重要：疲劳往往是由过度工作、缺乏睡眠、不健康的饮食、肾上腺疲劳、内分泌失调、药物副作用、过度焦虑等因素导致的。

针对这些疲劳，大体上的指导方针是：

◆ 如果早上醒来时充满活力，但发现自己在下午时会很累，这是身体疲惫的开端。

◆ 若早上醒来时很累，然后一天下来都是这样，那你就应多关注一下自己的情绪了。

◆ 一般性的疲惫都是由精神上引发的，因个人在工作中缺乏足够的意义与满足感而引发。

• 只有机体平衡，身体的抗疲劳系统才会运作起来

小时候妈妈唠叨的那些话永远是对的：为自己准备丰盛的早餐，用苹果代替糖果，在适当的时候上床睡觉，在感觉紧张的时候记住“一切都会过去”。

研究发现，水是我们活力的源泉，每天喝上八杯水，你可以发现自己的精力会变得好一些。

由于运动能够强健体力，所以，试着去爬爬楼梯代替坐电梯吧！或者，在午休的时候让自己在办公楼下运动一小会儿。如果时间充裕的话，你还可以叫上自己欣赏的同事一起。

当然，如果不是身体上的原因，那么，你就要检查一下日常生活中其他导致疲惫的原因了，如维生素 D 的缺乏。

• 驱除那些可怕的情绪吸血鬼

你需要注意到这样的事实：情绪是会蔓延的。你注意过一些常常生气、易怒或者抱怨的人是怎样的吗？你在他们周围的感觉如何？科学家们发现，我们都有反射神经元，它会直接引发我们对他人情绪氛围的体验——这种反射神经元与你所在的位阶无关。

这与我们的常识相背离：你可能认为，下属的情绪是不会影响到你的，但事实上，情绪不仅会从上往下传递，它也会从下往上反射。因此，你现在需要将那些在工作中烦扰你的人列出清单，然后主动地去缓和那些已经呈现为负面状态的人际关系——如此一来，你的周围便有机会环绕更多的积极因素。

当然，也有环境吸血鬼。你在公司中担任了一份志愿者工作，但你的初衷只是帮助整理客户资源，谁知公司却要求你连新人培训的工作也一起做了；在培训时，你发现自己不能逗留得太晚，因为你的妻子打电话过来说，孩子在学校没有人接；推辞掉工作、接了孩子以后，你还需要写封 E-mail 给自己的下属，确定他明确地知道明天的主要工作内容……

一个接一个的额外工作，想要做超人的生活方式是造成疲劳的核心所在。因此，你应先做一些选择，学会对一些非必要的任务说不，先从时间、事件管理开始，把你真正想要见到的人与想做的事排成顺序。

- **进行精神层面上的更新**

将为健康应做的事情列出一个清单，这很容易做到。事实上，大多数的建议都只是共同的感觉。但是你面临的挑战是自我生活的个性化改变，这就要求我们深入更深层面去。

想想那句美国著名诗人玛丽·奥利维亚的诗：“你想在自己狂热又宝贵的人生中做些什么？你想在这个稀有、短暂而又神秘的星球上度过怎样的时光？”现在，再想一下，在一天结束时，什么样的品质与价值是你想要保留的？

现在，将那些能够让自己感觉到快乐的事件制作成清单吧！哪怕它只是一件诸如“陪孩子玩皮球”一类的小事。如果你的清单是空的，那就选择投资一个充满快乐的人生吧！

- **在办公室中放上“爱的冲击波”**

照一张自己爱的人的相片，如果没有这样的人，你心爱的宠物也可以！美国心理学家们研究证明：这种形象化的呈现可以不断地释放出“感觉很好”的化学物质（如内啡肽），使体内系统进行全面的能量促进。

如果你现在就处于疲惫状态，你最好马上进行这些练习：它们不仅能够让你减少失控的可能性，同时也能够帮助你塑造出积极的活力人生。

2. 认知前提：压抑怒气≠管理怒气

曾有学生问起情绪管理专家约翰·辛德莱尔说，他知道生气时应该要离开现场，但每一次生气时，他就是不愿离开现场，非要杵在那里与对方争论个你死我活不可。

约翰先生问他："这样做对你有什么好处？"

学生说："至少我吵赢了。"

"你赢了对你有什么好处？"

学生瞠目结舌答不出来。

"你只会让自己的心血管受损，伤了身体，却毫无益处。"

当然，约翰先生所说的"不争吵"并不是"压抑怒气"。长久以来，人们都误将"压抑生气"视为"管理怒气"，事实上，两者之间存在着天壤之别。约翰先生指出，忍着不生气，或许心中的愤怒一时之间不会外显，但是，选择压抑，其实就等同于放弃采取行动来改善自己的处境。反之，怒气管理其实是管理好怒气的产生与表达方式，避免因为怒气损人伤己，才能让自己在人际关系、沟通谈判上不至于落入双输的局面。

● 依据"ACT 原则"管理怒气

不论是管理什么，管理的共同特质都是"解决问题"。以"ACT 原则"作为解决情绪问题的三大步骤，可以避免在面临情绪问题时不知所措。

◆ A：analyse your situation 分析现状

分析现状有助于厘清脉络、结构与因果。你的怒气是为什么而生的？它是在什么情况下被引爆的？找到怒气的源头，检视自己的怒气，并反思一下：是不是我想多了，或者误会了？通常情况下，怒气达到最高点后，就会开始渐渐消散，不会存在太久；但是，若你不去分析现状，而只是一味地胡思乱想、总是感觉对方针对你、与你作对的话，就有可能纠缠在无止境的怒气之中。

将执念放在怒气上，就如同把火柴与稻草一起交给不听话的小孩一样，使愤怒如同野火燎原一般烧不尽。但只要你停止乱想，或者转一个念头，怒气便有可能渐渐地消散，进而化为创造前进的力量。

◆ C：choose the best strategy 选择最佳策略

因为每个人的处境不同，多个选项中对你最有用的其实只有少数的几个，因此不妨自行评估，同时以评分的方式选择出最佳的策略。如果这个选择对于其他人影响重大的话，你更应发挥同理心，设身处地为他人着想。

所以，请思考以下问题，以找出最佳选项：

①我的下属如何看待这种状况？为什么他们有这样的感受？

②如果换成我，必须遵照这些指令行事，我的感受如何？

③我的下属能否正确解读我所说的话？

④老板或直属主管对我有何期待？为什么？

◆ T：trace your choice 追踪你的选择

已故的著名美国经济学家罗伯特·莫顿曾提出了“始料未及定律”，意指某个方案看似可以解决眼前的问题，却有可能引发意料以外的恶果。就如同政府为了保护少数人族群而推出新政一般，往往会适得其反；或是高层管理者基于培养接班人的考量，破格提携后进者，却往往引发偏私的争议。

因此，即使步骤 2（选择最佳策略）找到了可能解决你情绪的办法，但你依然需要步骤 3（追踪你的选择）来监控之前选择的执行，并且掌握选择有可能引发的潜在危险，在必要时调整策略、随机应变。

在应用“ACT 原则”时，你可以以“办公室中有人以言语攻击我，我很生气”这一案例来尝试着导入自己的解决办法，其步骤如下：

A：分析现状

①当我自觉快要生气时，我依然可保持冷静；

②我不会因为心烦而停止工作，更不会因此而暴饮暴食；

当有人以言语攻击我时：

③我会提醒自己，对方可能并不知道，当他的诉求未能得到满足时，应该如何适度地表达才能更好地让他人了解他；

④我能理解，对方是因为害怕与痛苦，才选择以言语攻击我；

⑤我会针对这件事就事论事、公私分明，而不会将它当成对我的人身攻击；

⑥我会尽量不让自己觉得受委屈，也会控制自己的情绪；

⑦我会自我提醒，一旦我因此而失控乃至发飙，那么，就算时过境迁，大家依然会记得我情绪失控时骂了谁，说了什么话；

⑧我可以控制自己的怒气，若我不想发怒，就没有人可以惹我生气；

⑨我生气时，会以说出“我的感受”的办法，让自己冷静下来，而不是聚焦在“别人做了什么”上。

C：选择最佳策略

第①项与第②项是控制情绪的基础，第③～⑤项可以帮助你在遭遇言语攻击时不至于失控，而第⑥～⑨项则有助于你处理愤怒的情绪。

T：追踪你的选择

如果你感觉实施上述方法非常困难的话，不妨看一下自己的身边：有哪位朋友或交好的同事一向以冷静著称？不妨以他为典范。

- **不妨将目标放在“行动”上**

比如，遭到老板训斥，你所带领的团队表现不佳、考核成绩过差的话，如果你一直困在情绪里面出不来，反驳：“你怎么可以这样对我？”老板生气地回道：“你知道别人是怎么看你的吗？”如此彼此攻击对方，然后失控甚至拍桌，很可能会导致你丢了工作。

但如果将情绪摆在一边，将重点放在“行动”上：“我可以做些什么来改善他提出的这些问题？”“我怎样做，才能让他对我的看法改观？”因此而加倍努力，最后，令老板刮目相看，往往可因此而得到重视。所以，与其为了无法改变的事情坏了情绪，倒不如专心迎向未来的事情。

3. 最重要的事情，就是接纳负面情绪

瑞淑在谈话室里，向心理医师哭诉着自己的难处：自己不仅要管理好手头的案子，同时还要对二十多个手下的业绩负责，更要管理好一些

分外的琐事，还要面对两个互有矛盾的上司的冷言相向，而下属们却并不体谅她的难处，甚至认为，她未尽到照顾他们的责任。

说到委屈之处，在职场一向坚强的瑞淑不禁激动地放声大哭起来，甚至到了身体发颤、抽噎的地步。她哽咽地向心理医师问道："为什么我会变成这样？是不是我有病？"

个人进入心理治疗阶段，往往是因为职场、人际等种种压力，产生情绪困扰，需要接受心理协助。然后，有些个案因为压力累积过久，或是压力一下子来得太大、太突然，使情绪变化过大，像是暴怒，或是情绪长期处于低潮，而难以接受自己有如此负面的情绪，心生惶恐、忧郁及愤怒等情绪问题。

这些负面情绪问题往往会使个人问题如同雪上加霜，即除原来的压力所导致的情绪困扰外，又因为这样的情绪困扰，衍生了额外的情绪问题。而想要解决这些问题，你有必要去询问自己：为什么你无法接受自己的忧郁？为什么不能接受自己暴怒？为什么不愿允许自己紧张？

情绪完形疗法的创始人皮尔斯，曾说过一句看似吊诡但颇富哲理的话："唯有放弃改变以后，改变才可能发生。"所谓的"放弃改变"其实是一种全然接纳的精神：一个人本身要有所改变或成长，或是要帮助他人改变，都必须先接纳现在的自己或者对方的一切。

负面情绪的作用，你了解吗？
有一天小明在外面散步遇到老虎，小明没有恐惧，没有跑，小明死了。 ◎负面情绪根植于基因、深藏于大脑中，是社会规则有效运作的基石； ◎不管是在自然界还是在人类世界，只要活着就需要依赖负面情绪； ◎与其他生物不同，人类可以学会驾驭自我情绪，而不是完全被情绪所支配。 TIPS：恐惧是一种感觉，不是一种情绪。

- **从接受它开始**

想要安抚一个情绪激动的人，最好的方法就是了解与接纳他眼下的情绪。而要管理好自己的情绪，首先也是接纳它。

所谓的“接纳情绪”，是相信自己所有的情绪都有其根源，且都有正向的功能——它们都是为了你的生存而存在的，因此当负面情绪到来时，不要急着赶走它平复它，让它停留一下，意识到那是自己内心深处的需要与渴望。

更重要的是，别畏惧它：或许它真的会让你变成一只会喷火的可怕怪兽，但要相信，它既是你所拥有或是你所创造的，你就一定可以驯服它。唯有接纳与爱，才是驯服巨大恐龙最有智慧的办法。

当你真正地接纳情绪以后，你才会去关照它、了解它，确切地看到它的真实面貌，进而借此来探究自我内心真正的需求，或者找出没有获得满足的是什么。如此一来，你才能再重新观察环境，找出较为有效与适当的方式，来满足我们的需要。若发现自己找到的需要是不合理或者在现实中无法完成的，也只好学着接受现实，并思量怎样转化这样的需求，使其变得可实现，或者直接找到替代性的方案。

而且，当你已经知道情绪对自己是有帮助、它不但可以保护你也可帮助你快速地做出选择与决定时，你就不会急着对外界做出冲动的情绪反应了，自然，所谓不适应或不健康的情绪便会大大减少。

● 记录情绪发生当下的状况

接纳情绪并不是一件容易的事情，特别是要去接纳看似可怕的负面情绪，因此，花费一些工夫来记录自己的情绪状况是非常必要的。

记录的重点可以分为两种：

◆ 要记录下有哪些外在物理因素、内在生理因素影响着你的情绪

如天气状况，包括温度、晴雨、星期几、饮食情况、睡眠状况、女性的月经周期等。这些因素对于每一个人的情绪影响力不同，所以，你需要知道自己独特的情况。弄清楚自己在哪些情况下容易出现情绪“弱点”，便可以做些事先的预防，或者做一些有趣的事情来调节。

◆ 了解哪些生活事件发生时，你的个人具体状况

你应该了解，哪些生活事件影响着你的情绪，以及这些外在事件引发情绪时，你都有哪些内在的想法。比如，有些人最容易被不公平的事件引发强烈情绪，但自己又不敢表达生气，就会很痛苦、很委屈；有些人在遇到挫折时，总

会有“我一无是处”“我从来没有做好过一件事情”一类非常不理性又过度自贬的念头……发现这些状况，你才能针对内在的核心议题进行处理，确切地改善自己的情绪状况。

• 觉察负面情绪的苗头

另外一种了解情绪的方法，是练习着去觉察自我情绪的生理变化。生理反应是相当明显与快速的，若可以及早感觉到，便可防患于未然。

◆ 及时察觉自我情绪变化

人与人之间常发生情绪冲突，如你与某人正在讨论观念相左、主张不同的事情时，发现自己心跳加速、胃部开始紧缩，则表示你可能已快被对方激怒。若你不愿在此时表现出强烈的情绪，那么，在情绪尚未爆发之时，你可以想办法调节，如深呼吸，或是借机离开一下，或是与对方约其他时间再谈。如此便可避免场面变得一发而不可收拾。

当然，该吵的架就吵，该发的火也可以发，只是，你越及早发现自己的状况，你便越拥有较多的掌控权与选择权，而不是由你的情绪来左右你。

◆ 及时察觉他人的情绪变化

增加对他人情绪的觉察能力也同样重要，当你发现对方已表情僵硬、紧握起拳头、说话声调已变等，就该意识到对方的情绪点快被点着。此时有所警觉，才不会因对方情绪爆发而产生冲突，或是使自己的情绪也被挑起。

发现对方的情绪变化以后，你还需要看是否需要安抚对方，或是要立即找到适宜的方案暂时脱身，待对方的情绪风暴过去以后再想办法处理。

• 倾诉或者书写，找出泄洪的管道

不管你对自我与他人的情绪有多了解，情绪依然会随时出现，所以，你还需要有些好的缓解方式来有效地化解情绪，或是以适当的方法来表达出情绪。只是，处理的前提必须是，这些情绪未经过扭曲、累积或者压抑变形。

用语言描述情绪是管理情绪的最好方法。找到一个懂得倾听的人，这个人可以接纳的态度、耐心而专注地听你说，即使他不懂，也不能为你出主意，但却可静静陪着你。直接地述说，最易达成充分的缓解。

更重要的是，说话时需要你启动理性大脑。其实你也可从他人的情绪波动中看到这一点：刚开始时，由于情绪激动，对方往往激动地指手画脚，甚至边哭边说，且讲得很混乱，但慢慢地，他就越说越清楚，情绪也会逐渐地平复下来，甚至可对刚才引发他强烈情绪的事件梳理出一些脉络——由于需要说出来，他的理性大脑逐渐开始运作顺畅，达到了可以控制原始情绪的程度。

所以，认真地经营如配偶、好友一类的亲密关系非常重要，他们是辅助你管理情绪的关键所在。当然，在必要的时候，懂得寻求社会支援，找到适当的专业人员来倾听自己也是可行的。

将自己的情绪经验写下来、画出来也是一种宣泄方法。若环境许可，独自大叫、哭喊，亦可发泄单一情绪的作用。此外，培养多样化、自己有兴趣的各类休闲活动，不仅可转移、舒缓情绪，更可怡情养性，使自己处于较平和的状态。

拥有“自信、乐观”特质的人，最能保持愉悦的心情。他们最不易被激起负面的情绪——相比之下，这就是成为自我情绪主人的最重要特质了。

4. 四步骤，表达自己的不满

“你……”

听到另一部门的张经理又一次将过错推卸到自己的部门后，刘清立即在心里大骂起来：“这个无耻的家伙！明明是他们部门把事情搞砸了，现在又恶人先告状！”

她原本想当着总裁的面将对方的过错一一数来，但她素来不懂如何发怒，因此一张嘴，话语就变了：“你这样不太合适吧？张经理，其实我们不应该把眼光放在过去的错误上，而是应该放在未来的合作上。”

“别说了！”总裁的不满声传来。刘清分明看到张经理的眼中流露出满是胜利的喜悦。

大部分人在有了怒火以后，都在想着如何将怒火压制下来，却极少有人想到如何表达愤怒。当然，“以其人之道还治其人之身”只能爽一时，单纯地表达愤怒无疑是饮鸩止渴。而有些人之所以这样做，是因为他们将愤怒当成了心理分析的终点：愤怒就愤怒了，发泄就发泄了，伤害就伤害了，却未曾意识到，这样根本无法触及核心问题。

愤怒的情境
当利益受损的时候；
当期望受挫的时候（主要）；
当被忽略的时候；
当嫉妒别人的时候；
当觉得自己被侵犯的时候（个人规范）；
当觉得他人被侵犯的时候（社会规范）。

大部分情况下，愤怒被视为一种次级感受，它与悲伤、羞耻处于同一等级。使用通俗的话来说，愤怒并非核心感受：当你期望受挫时，期望得到尊重却受到侮辱时，希望被肯定却遭遇贬低时，这种情况下，你的原始感受是受到了伤害，进而产生了悲伤、焦虑和愤怒。

对于很多人而言，感受与承认这种悲伤并不容易，更不安全，因为这往往意味着你承认了自己的脆弱，甚至还会引发一些自身的焦虑：“我真没有用，竟然让对方这样伤害我。”甚至还有可能因此而自责：“我怎么可以因为这个而生气呢？”

这样的知觉本身还有另一层含义：若与他人分享了这种脆弱、委屈，他人是会同情、认可我，还是会离我而去？此时，愤怒作为一种防御姿态，由自己指向了他人，保护了我们的脆弱与委屈，同时也阻止了他人进入我们的内心。

那些不懂得表达愤怒、采取一贯温和的态度的人有着自己的一套逻辑：“我都已经这样忍让了，对方应该会适可而止。”这样的逻辑本身又包含了一种期望：“我希望他人会理解我。”但当他人未能表达这种理解时，自我期望会再次受挫。

若你认为是自己的忍让换来对方的变本加厉，那么，不合理的想法自然会萌生：“一定是我太过温和，温和到他们都会这样无理地对我。”而这种想法最不合理的地方就在于，你将“理解自己”当成了“别人的事情”。

不仅如此，很多时候，个人思绪发展到这一步时，很多人还会怀疑自己的这套温和行为模式是否正确，而采取的策略就是经常性地表达愤怒，而周围人的避让会让此类人的地位得到无形的提高，获得心理优势，从而补偿了自己的悲伤，避免了自己的恐惧。

知觉到这一层面非常关键，因此，单纯地表达愤怒并没有用，你还需要更有力的方法来辅助你。

- **停下来，呼吸**

当你愤怒的时候，停下来，除了呼吸，什么都不要做，你应竭尽全力去避免采取行动去指责或者惩罚对方。此时，静静地体会自己是最好的做法。接着，想一想，到底是什么想法使你生气了。

例如，你可能在无意中听到某个人的谈话后，认为自己由于一种特殊的原因而遭遇到了排斥。这时，你可以细细体会自己的愤怒情绪，同时留意在脑海中盘旋的想法："这太不公平了！他们这是赤裸裸的排斥！"你要知道，像这样的想法是尚未得到满足的需要的可悲表达——你希望可以融入对方的群体之中，但你得到的信息却告诉你，你暂时还未被接受。

于是，接下来，你应该去了解自己想要满足的需要："如果我将对方的做法看成对我的排斥，我想，我需要的是被接纳、平等、尊重与积极的联系。"

- **张开嘴，说出来**

为了充分地表达自己，现在，你需要张开嘴，说出你自己的愤怒：单纯的怒火此时已经通过你的思考，被转变成了需要以及与需要相联系的情感，不过，表达此时的感受或许需要很大的勇气。

对你而言，在生气的时候冲着其他人大声嚷嚷"你们这是赤裸裸的排斥"很容易，事实上，你甚至还会因为自己这样做了而感觉到高兴。但是，倾听自己内心真实的感受与需求却极有可能引发不安。

因此，为了充分地表达愤怒，你可以选择恰当的措辞。例如："你走入房间以后，与其他人都打了招呼，却唯独没有和坐在你正对面的我说话。现在，你又不愿意与我针对我们的合作项目进行交流，你的团队也是如此。这些使我有些担心，而且也令我畏惧，因为我很看重平等。我想请你告诉我，听到我说这些，你的感觉怎么样？”

● 先尝试着去倾听他人

不过，在大多数情况下，表达自己之前，你需要先倾听他人。如果对方还处于某种情绪中的话，他们就很难静下心来体会你的需要与感受。一旦你用心倾听他们，并表达你的理解，在得到倾听与理解以后，他们一般也会开始留意你的感受与需要。

需要你注意的是，哪怕你听到了离奇的、对你极度不公平的看法，你也不应该指责对方——指责是一件很容易的事情，但当对方感觉自己受到了指责时，哪怕他也同意自己的行为应该受到指责，他们也不会轻易地承认，甚至有可能会因为自己所受到的指责而陷入极端的愤怒之中。到那时，便不是你表达愤怒，而是他在发泄不满与怒火了。

因此，一旦你注意到他们认为自己受到了指责，或者在对话中发现对方在责备自己，你就要暂时停下来，并尝试着去理解他所经历的痛苦。

● 表达你愤怒背后隐藏的委屈

听懂了他人的理由以后，你就可以表达自己的愤怒了。不过，你不能单纯地表达自己的愤怒，而是要在表达愤怒的同时，更坚定地表达愤怒背后隐藏着的委屈、焦虑本身，因为表达这些内容的过程，就是一个让他人了解自我底线的过程。

值得注意的是，这一过程中，你最好指向自己：“我需要融入这个团体，因为我认为我们同属一个组织，眼下又为了同一项任务一起努力着，我想，这是一种完成任务的必备前提条件。”

最愚蠢的行为是把矛盾指向他人：“你应该让我融入你们的团队！这是完成任务必需的前提。”这不仅是将矛盾扩大化，加剧对方的不满情绪，同时也是在对他人做出价值判断。

此外，比这更重要的是，你应该建立起一个合理的信念：“让他人理解自己，这是我自己的责任与义务。”同时也要养成一个合理的期望：“即使我表达了自己，他人也并不一定会理解我。”当你怀有这样的合理信念与合理期望，并准备好了时时刻刻接纳自己以后，你会发现，表达愤怒其实并不难。

5. 逼出干劲儿，让怒气提升身心状态

已逝的苹果前CEO乔布斯性格暴烈，一向想发怒就发怒。为了赶时间，他会在公司专供残疾人的车位上停车，在发脾气的时候，还会开除员工。在对待员工时，他要么过度冷漠，要么就是怒斥。在苹果公司里，几乎没有人敢主动与乔布斯打招呼，因为他很可能会问你，你是做什么工作的。如果你给出的答案是他认为没有价值的，他会直接把你开除。

一位苹果员工说，一次，她奉命向乔布斯汇报工作，但这位可怕的管理者迟到了一个半小时才出现，而且没有穿鞋。在忐忑不安中，她开始了汇报。一个小时的汇报完成后，乔布斯站起来，只说了一句"不行"，便起身离开了。

根据一位前苹果高管的回忆，乔布斯常常会在公司内部的项目讨论会上大发雷霆，一点儿都不顾及对方的颜面。有一次，一位刚加入苹果才四个月的产品经理被调入了一个新的产品团队。这个产品本身就存在着不少质量与设计问题。之所以将他调入团队，就是为了更好地解决问题。没有想到，这个倒霉的产品经理刚刚加入团队，就在第一次项目讨论会上遭遇了乔布斯的"雷霆风暴"。

看到产品中存在的问题迟迟无法解决，乔布斯可不会顾及他是初来乍到——他直接冲着这个可怜的人一通咆哮，在怒火烧至顶点时，他甚至激动地挥舞着手臂，用手指敲打着产品经理的脑袋。这位可怜的产品经理就这样无比委屈地当了一回乔布斯的"出气筒"。

你认为成功的企业家是什么样子的？在你的想象中，他们或许很理性、富有逻辑，就算是面对危机，他们也会拥有坚定的眼神保持专注，或者，他们不易喜形于色，并会将自己的怒火掩饰起来，以此来表现自己美好的一面。

那他们一定不是效能最高的人与团队：苹果的乔布斯、亚马逊的贝佐斯、

微软的比尔·盖茨，或是甲骨文的创办人埃里森……他们都会将喜怒哀乐的情绪表现在脸上。

如今，我们所在的世界已经以“高效能”为标准来更严格地要求“一切只能看成果”，信奉“实力主义”至上的结果，形成了“没有达成目标，就等于零”的世界。在如此庞大的压力下工作，即使你想要排除会造成难以预料后果的情绪，往往还是无法办到。

这是一个我们不得不接受的事实：生活在现实社会中，不带情绪是不可能办到的事，而“怒气”就是一种再常见不过的情绪。即使明白怒气会妨碍成果，但它并不会因此而消失。既然如此，我们只能想办法妥善地利用它，尤其是要妥善地管理那些容易妨碍到工作的怒气。

● 既然人都会发怒，为什么不好好利用起来?

根据情绪专家们的研究证实，发怒至少会产生两种好处：

◆ 怒气会让你更专注

当你很生气的时候，你会非常专注在一件事情上——让你生气的罪魁祸首。在发怒的那个当下，你企图通过做其他事情让自己分心的举动并不会成功，事实上，除非你的自制力极其强大，否则，你的怒气只会引导你专注于眼前的那件事。

◆ 怒气会让你更有信心

你的怒气爆发的同时，你体内的肾上腺素也会开始急剧地分泌，它会强化你的感觉，让你不再压抑。更重要的是，在这种感觉强化的情况下，你会发现，自己对很多细微的小事开始变得敏感起来，甚至一些创意性的想法会立即实现出来——此时开始行动的话，你的信心与行动力会立即增加。

虽然发怒有发怒的好处，但是，一旦你被气到抓狂，还是会产生大问题：你很可能说出不该说的话，或是做出令你后悔的事情。学会利用怒气来提升身心状态的关键就在于，当你还处于生气状态时，一定要让自己保持不失控的状态。

听起来很难吗？其实未必，这里有几个小方法，或许可以有效地帮助你。

● 生气时，将矛头对准事情，而非具体的人

比如，当你的员工犯下了错误时，为了发泄自己的不满，你很可能会如同乔布斯一样大骂对方：“你怎么可以犯下那么愚蠢的错误！”破口大骂可能会让你爽上10秒钟，但是这对你一点帮助都没有。如果你说：“你一直做得很好，所以，你会做出那样的事情让我很不解，我们是否可以谈一下？”指出你的沮丧是来自员工所做的事情，而不是他这个人。

这样做不仅能够帮助你更好地表达自己的不满情绪，同时还能够降低对方的防卫心，使双方将重点聚焦于如何解决问题、如何减少错误发生的概率上来。

● 利用生气，克服恐惧与焦虑

当我们处于紧张或者害怕情绪中时，我们常常会悔恨，为什么在那个当下，有些话就是说不出口？比如，供应商无法顺利地供应这件事情让你气得快要发疯，但你却有苦难言，因为害怕会损及双方长期的合作关系。

其实，长期的隐忍以后，大胆释放一次自己的害怕或者愤怒并不是坏事——接受你气疯了的事实，然后，至少在一定程度后，使用恰当的语言来表达你真的已经气疯了。

当你这么做时，体内肾上腺素的分泌会帮助你离开恐惧区，并快速地进入兴奋、充满热情与动力的甜蜜点——当然，这绝对不是无理取闹或是不理性。

● 切实地从小处开始尝试

从被冒犯，感觉到失望、沮丧，到最后真的动怒，大部分人会忍住愤怒的感觉，但一直压抑的结果，就是再也无法控制自己，在某个时刻全面地大爆发。在完全失去冷静的情况下，轻则适得其反，重则有可能产生令人难以置信的破坏力。因此，想要将容易走向失控的怒气转化为提升工作效能的动力，你需要从缓慢而稳定地释放怒气开始。

◆ 当你感觉到被冒犯的时候，别急着把感觉吞回去

试着想一下你的感受，想一想为什么会有这样的感觉，然后处理它。说你必须说的话，恰当地将你的不满表达出来。你不需要担心自己会在这一步骤失去冷静，毕竟你还没有生气，而仅仅是被惹怒了。

◆ 恰当地表达失望

表达不满以后，你就进入了下一个层次中：表达失望。现在，你依然需要专注于你当下的感觉，然后问自己：有没有将自己的情绪当成威胁的武器或者工具。

◆ 尝试着表达愤怒

现在，你已经表达了自己的失望，如果对方依然没有采取恰当行动的话，你就可以升级到最后一个层次中去，表达自己的愤怒。再一次，像个旁观者一样看看自己，就如同你之前所做的那样。同时，提醒自己：是你对自己的愤怒与行动负责，还是愤怒该对你负责？

随着时间流去，当你学会控制与驾驭自己的感觉时，你会迅速地复原。现在，你可以真的发怒了，但是，在发怒的时候，你依然可以使用适当又有效的方式来搞定自己。

真正出色的人们都是坦率而真实的，这也是为什么我们想要跟从他们。想要让自己的情绪控制能力再上升一层吗？那就别再隐藏自己的负面情绪了：表达自己的真实感受，并学会控制与驾驭它们吧！让怒气逼出更好的干劲儿，你会发现，这种原本你认为有害的情绪竟然已经成为你提升自我身心状态的最佳工具。

6. 从停止思考开始，解决瞬间暴怒

在金融机构工作的李江，为了下个月的公司内部升级考试正在拼命地复习，但进展却并不顺利。以下是他与同事聊起考试用参考书的情形。

李江："真糟糕，下个月的等级考试准备，我毫无进展。"

同事："你是怎么读的？"

李江："听说 ×× 社的参考书很棒，所以我就一直读那本参考书。"

同事："×× 社？拜托，那个完全行不通。今年他们社的参考书已经不行了，你难道都没听说吗？"

李江自己拼命准备的事却被全盘否定，一时气急败坏，于是脱口而出："你自己还不是现在都没有考上！"

同事："……"

站在李江同事的立场，他并不是要全盘否定李江，也没有嘲笑他的意思，只是单纯地说出自己听说的事。但李江却火冒三丈，毫不留情地脱口说出对方最在意的事情。

任何人都知道，即使火冒三丈也不要说不该说的话，做不该做的事，以免破坏人际关系，或是影响自己的风评。但是，大家应该都有过这样的经验，那就是听到令人生气的话，火气一上来就脱口说出不该说的话，然后一边解释"不，我不是这个意思……"一边后悔。

也许会有人质疑：生气的冲动应该是无法控制的吧？冲动应该就像是"碰到开水会觉得烫"的瞬间反射动作，似乎不是自己意志所能控制的事情。事实上，生气的冲动并非发生在瞬间。

● 提前了解，发现冲动经历的几个阶段

我们常说"怒气瞬间到达沸点"，但事实上，人并不会瞬间发怒。在产生怒气的情绪之前，我们往往会经历几个阶段。所以在怒气发生前的阶段当中，都有机会控制冲动。

仔细观察你会发现，在冲动产生之前，个人情绪往往会经历几个阶段。例如，某人对你破口大骂，听到后，你会感到火冒三丈，并冲动地回骂。在这段时间，其实你的头脑里会经历以下几个阶段。

因冲动而回骂对方前的四个阶段
阶段一　某人说了些什么；
↓
阶段二　开始思考那是什么意思；
↓
阶段三　思考的结果，认定那是嘲笑或侮辱，产生怒气情绪；
↓
阶段四　受到怒气情绪所控制，为了消除怒气，而回骂对方。

立即回嘴看上去好像是瞬间的举动，但其实那会经历好几个阶段，以李江的例子来说，便经历了以下的阶段：

- 同事批评李江先生用的参考书不好；
- 李江先生听到同事说的话后，思考这是什么意思；
- 思考的结果，他认为这是在否定自己所做的事情，而产生了怒气情绪；
- 因为感到怒气，便没顾及对方，说出对方最在意的事。

感觉像是瞬间的事，但其实却经历了上述几个阶段。

如果你想要在怒气来临时将其中止的话，那么，你就要学习一些特别的技巧了。

● 先停止思考，让脑袋变成一片空白

所谓“停止思考”即其字面意思：停止所有的思考，停止所有有可能引发怒气的“为事件下定义”或是思考本身。为了拖延或阻止上述四个阶段的进行，当你听到某人说出令你生气的话时，你应在内心对自己说：“停止！”然后，停止对“为什么他会说这种话”“我要如何反击”等所有问题的思考。

重点在于，不要去思考对方这样说的理由与原因，更不要思考之后该怎么做等所有事情。如此一来，便可拖延或停止因冲动而引发的反射性回话，或是做出其他举动。

● 利用拖延技巧，让反应变慢

像停止思考这种让反应变慢的技巧，心理学家们称之为“拖延技巧”。所谓“拖延”，就是“延迟发出怒气的时间”，即让反应延迟一点时间，别让自己因为怒气而反射性地说出不该说的话。

比如，当听到令人火冒三丈的话时，不断地深呼吸也是一种拖延技巧。感到怒气即将爆发的瞬间，什么都不要想，用深呼吸个四五次，就算只做这个动作也会有很大的改变。

使用“倒数”的方法也不错：当听到令人生气的话时，在头脑里从一百开始隔三倒数，如“一百、九十七、九十四、九十一……”。

这种方法是通过让有点难度的计算塞满脑袋来延缓反应，因此，你也可以从一百开始隔六或隔八倒数。此外，用更困难的英语来如此倒数往往更有效。

● 利用专注训练，让意识集中在当下

这是另一种“控制冲动”的方法。状况如下：“老板现在才放马后炮，资料早就交给客户了，真令人火大！我一定要证明这不是我的错，让他没话可说！”在出席重要的新产品说明会时，如果你不断地回想刚刚因为资料弄错而被老板骂的情况，那么，你很难吸收到新产品说明会上的重要资讯：由于只想着被老板骂的“过去”，以及一定要让老板哑口无言的“未来”，你自然无法专心于眼前事物。

此时，不如试一下“专注训练”，通过观察眼前的事物，边想象、边观察，使自己将意识集中于“当下”及“现场”。

假如你正在参加说明会，眼前摊着说明会的资料和笔等，现在，拿起眼前的笔，开始认真地观察那支笔，并认真仔细地观察，然后用以下方式自问自答：

- 那支笔是什么颜色？黑色、蓝色还是红色？
- 是什么形状？圆形、方形还是其他形状？
- 是什么材质？塑胶还是金属？
- 是哪个牌子？上面有品牌的名称吗？
- 标签上有写什么吗？
- 有花纹吗？如果有，是什么样的花纹呢？
- 笔上有刮伤吗？

……

认真地观察眼前的笔，就会逐渐忘记之前被骂的事情，以及未来想反击的念头，同时也会将状态拉回到“当下”及“现场”，这就是“专注训练”的意义。

进行专注训练时，可以使用眼前的任何物品，刚好有笔就用笔，若有手机、电脑、笔记本、手表等也都可使用。刚开始进行训练时，你可能无法顺利地将意识集中，即使能专注一段时间，或许又会想起烦躁的事情，不过不需要担心——通过反复的练习，你集中意识所需要的时间会大大缩短。并且，只要可以将意识拉回到当下，就可以逐渐地维持此状态。

• 准备属于自己的魔法语言

在情绪管理中有“coping mantra”一说，译成中文即“解决问题的咒语”。称之为咒语有些夸张，但如果你能够有自己专用的咒语，当怒气快要爆发时，或是对眼前的困境感觉到烦躁时，你可以在心中念诵这些话语。

以下是一些常见的解决问题话语范例：

- “没关系，事情一定会解决的。”
- “上次比这次更困难，但也熬过来了。”
- “一个月后就会忘记的。”
- “绝不可以被这一点小事打败。”
- “这是学习的好机会，累积许多经验后，我就会变得更厉害。”
- “世上没有下不停的雨。”
- “我绝对可以控制自己的情绪。”

与人发生摩擦快要发火时，你也可以参考以下话语：

- “对方没有恶意。”
- “不要老是猜疑，如果不问清楚，怎么知道对方真正的想法。”
- “自己有说‘不’的权利，对方当然也有说‘不’的权利。”
- “就算说对方坏话也无济于事，想些更正面的事吧！”
- “看得远一点，对自己而言才是最健康的解决之道吧！”
- “冷静！即使生气也没有任何好处。”

你可以利用这些语言范本，也可以自行创作。

此外，解决问题的未必一定是言语，当你快要按捺不住怒气，或是面临困境时，你可以右手紧握拳头然后张开，或是以食指轻敲太阳穴，做一些动作对自己发出讯号，提醒自己好好应付眼前的怒气及所处的困境。

当你习惯了通过上述行动来缓解瞬间暴怒时，你会发现，自己冲动的次数会越来越少，当然，偶有冲动时，恢复理智的时间也会比之前快速很多。

7. 每一次爆发后，都记录一下冲动的原因

为什么你会火冒三丈？为什么会突然感觉到烦躁不安？你是在什么情况下才有了这种感觉的？你的怒气有多强烈？如果你只是烦躁不安的话，那么，你永远也无法意识到自我情绪的力量，更不能良好地控制情绪。只有更具体地去了解“生气、烦躁的真正原因”，才能够真实地感受到豁然开朗的心情。

不过，像大部分人并不了解情绪发生的根源一样，很多人并不知道如何“具体地了解”自我情绪变动。其实，你完全可以从给怒气分等级开始，尝试着记录下每一次冲动的原因。

- **依据测量技巧，给怒气分等级**

许多人单纯地以为怒气只能分为“生气”与“不生气”两种，但事实上，怒气也是分类型的，有稍微烦躁的怒气、对人恶言相向的怒气、会攻击他人的怒气、乱砸东西的强烈怒气、累积多年的怒气等。

在工作方面，“自己可以轻松应付”“虽然有些费力，但还能应付”“最好请人帮忙”“要请上司处理”……若是自己能做出上述判断，就不会感到莫名不安，工作也能顺利进行。与工作一样，怒气有各种不同的类型，也有各种不同的强度。认知怒气有等级之分后，就可以针对自己感受到的怒气程度，判断如何处置：

“这种强度的怒气完全不要紧。”

“这种强度的怒气要小心处理。”

“若怒气再继续增强，恐怕自己也难以控制，所以求助专家吧！”

测量技巧是指以自定的方式衡量怒气强度的方法，当学会测量怒气的等级

后，处理眼前的怒气也会变得较为容易。

怒气的等级
Level 0　无怒气情绪。 无须处置方法。
Level 1 ~ 3　轻微烦躁、不愉快、不高兴。 使用“停止思考”“专注训练”等控制冲动法，就能轻松控制。
Level 4 ~ 6　血液直冲脑门、火冒三丈、有强烈的怒气。 使用前面几项控制冲动的技巧，就能控制怒气。
Level 7 ~ 9　非常强烈的怒气，已经到了失控边缘。 尝试所有控制冲动的技巧仍无效时，暂时先离开令你生气的当下，并加强练习，以求减少怒气发展至此等级的次数。
Level 10 ~ 11　自己已经无法控制的怒气。 请求助专家。

当你感觉到怒气时，请记得回想这个表格：“现在应该是第三级怒气，虽然只是轻微烦躁，但再过不了多久，有可能发展成强烈的怒气！”“对于这件事，怒气应该已经达到第八级了，我感到非常火大，必须赶紧想办法。”

通过这个训练，你会慢慢地学会从客观的角度观察“怒气”，从而变得比现在更“善于处理”所感受到的怒气、烦躁或是冲动。

● 通过自我观察，实现“怒气记录”

除使用怒气等级表来从客观的角度观察情绪的变动外，我们还可以使用“怒气记录”展开自我观察，记录自己如何认知事物、如何感到怒气、如何采取行动的手法，将怒气记录下来，使其“现形”。

怒气记录即将“怒气”记录在纸上，它可以帮助我们更容易地审视自己的认知、思想、情绪、行动等的变化。其具体写法如下：

◆ 准备好纸和笔，怒气记录一定要写在纸上才会更清晰；

◆ 先回想最近一次感到微怒的事件（刚开始记录时还不习惯，因此最好是先从记录轻微发怒的事件开始）。

【时间】

是何时发生的事情？如果知道日期、时间，请详细记录下来。即使只写“今天中午”或“昨天晚上”等大概的时间也无所谓。

【事件】

那是一个什么样的事件呢？请注意在这里不要放入自己的想法或感觉，只是客观地写下事实。

【想法】

翔实写下事件发生当时的想法为何，并写下这样想的理由。

【情绪】

写下当时的情绪为何。怒气也有许多类型，如轻微的烦躁、生气、火大、愤怒、暴怒等。如果同时产生几种情绪，也请一一记录下来。

【情绪的等级】

使用之前提到的“怒气的等级”来试着评估自己的情绪。

【行动】

具体写下当时采取了什么行动，或实际说出口的话。如果有对谁发脾气，也请照实写下来。

【结果】

自己的行动最后导致何种后果？有谁对你说了什么？如果跟谁吵架，对方的态度有何转变？请翔实记录下来。

【换个角度想想】

请想想事件是否可以从其他观点思考。接着再从长远的观点来看，试着思考该如何做才能使自己及周遭人都变得更好。也可以写下自己心中的理想状态。

在感觉到怒气时，便立即做此记录——哪怕一天内感觉到好几次怒气，也要照实记录。通过记录，你可以具体地了解自己的怒气，而问题也会变得更容易解决。

比如，高桥先生在顾问公司担任企业咨询顾问，其怒气记录可以作为参考。

高桥先生“怒气记录”
时间：星期一上午的会议。
事件：当我在内部会议做简报时，同事 A 公开批评我对于今后的计划太过乐观。
想法：这家伙在说些什么，是想让我丢脸吗？
情绪：愤怒、不甘心。
情绪的等级：7 ~ 9 级。
行动：反驳对方的分析角度才是肤浅的行为，自己的预测完全是有根据的。
结果：演变成口角，上司出面调停，但会议气氛变得尴尬。
换个角度想想：没有必要做情绪性的反击。针对对方质疑的部分出示数据，就能解决问题。

从上面的例子中我们可以发现，一旦记录到纸上，“情绪”便会具体化，自己也会看得比较清楚，而这也是让怒气“现形”的最好方法。

● 注意：禁止写下自己的主观想法

想要让自己的怒气记录尽量保持客观公正的话，你需要记住以下几个重点：

◆ 立即做怒气记录

你可以尝试着在阅读完本节以后立即开始做怒气记录，也可以在火冒三丈、烦躁而无心工作，或对某人生气时，尽量一一记录下来。

做好怒气记录的诀窍就是，尽可能在感到怒气时立刻写下来。立足于这一前提，你应随身携带笔记本或记事本，以便自己在生气时就可以立刻做怒气记录。

◆ 不要过于详细地思考冲动或怒气发生的原因

做记录时，还有一件非常重要的事，那就是请尽量不要思考“为什么自己会这样想、会那样生气？”“为什么自己会做出那种举动？”这些问题的答案往往都是主观的想法，而不是客观的事实，若记录太过主观，之后分析时就会不准确，而且还有可能会因为回想起了愤怒的过往而再次陷入愤怒之中。因此，你应像审视他人的怒气一般，冷静地审视自己，并忠实地进行记录。

此外，怒气记录还有一项重要的功能：它可以帮助你在生气的时候将注意力转移至“必须记录”这件事上。这会使你即使在生气的当下，当你冷静而客观地写下怒气记录时，或许也会意外地发现：自己怎么会为这么点小事生气？同时怒气也会逐渐消失。

◆ 反复练习，效果会更好

刚开始时，你可以在每次感到生气时，就立刻写下怒气记录，但是，若因为做怒气记录造成负担，变得更加心烦意乱，就得不偿失了，所以，你只需要在自己能力范围内去做记录即可。在做完几次怒气记录后，往往就可以在脑中学会做记录，此时你对自己在怒气时的反应也会更加清楚。

其实，这种对怒气的分析与记录也完全可以运用在其他不良情绪上——你越是能够坦然、客观地面对这些情绪，你的自我情绪控制能力便会越强。

8. 通过压力管理，将自己置于“不生气状态”

压力升高时，往往很容易发脾气，你可以对比一下自己的不同状态：每天都做自己喜欢的事情悠闲度日，与每天都忙到连睡觉的时间都没有，这两种生活，哪一种生活更容易让你动怒呢？

压力与怒气关系深厚，可以说，高效能人士 80% 的情绪波动都是由于压力过大而引发的。你很可能会说，如果没有压力就好了，但遗憾的是，日常生活中不可能没有压力。对待压力的态度与对待怒气是一样的：不用去思考如何才能彻底地消除压力，而是要设法与压力和平共处。

值得一提的是，什么事情会造成压力往往呈现出个体化情形，有些人对人际关系感觉到压力，有些人因为工作繁忙而感觉到压力。但相反的，有人因为工作太闲而感觉到压力，也有人会在独处时感觉到压力。

与我们之前提到的处理怒气的道理相同，如果你能够将自己的压力分类，并了解造成压力的真正原因，就可以做到如释重负。所以，你应该也学会去做压力记录。

- **细数压力：现代压力可以分为四种**

心理治疗师曾经遇到过一位“担心地球的未来而失眠”的女性。

只要一想到地球的未来，她就会感觉到无比的压力。她的压力来自地球上频繁的战争，看似永远不会结束的种族歧视，油源的日渐枯竭，粮食问题等一些她根本无法厘清更无力解决的事情。这些在普通人看来犹如“杞人忧天”的问题，对她却渐渐地发展成了庞大的压力——在她看来，这是威胁到个人生存的重要问题，而不是随便说说就可搁置一边不管的小事。

于是，达尔斯医师建议她做以下的分类，并写下“压力记录”。

压力大致可区分为四类，分别是：

四类压力	
压力的类型	处理方法
“不重要／自己能改变”的压力	优先顺位低，但如果能改变，请设法改变。
“重要／自己能改变”的压力	自己设法去改变，就能从压力中获得解脱。
“重要／自己无法改变”的压力	接受这件事。 世上很多事情都是自己无法改变的，也不是所有事情都能按照自己的想法进行的。接受这个事实吧！
“不重要／自己无法改变”的压力	想也没有用。 和你的人生无关，所以请不要想了。

依次分类，将自己的“压力记录”写下来。这与怒气记录一样，只有写在纸上才会有意义。

再回看我们之前提到的那位“担心地球未来”的女性，她的压力应该列入哪一类？很显然，那属于“重要／自己无法改变”的压力：就算她再怎样担心地球的未来，地球也不会按着她的想法运转，种族歧视也不会因为她的重视而消失，石油更不会因她的担忧而源源不断地涌出——不管她是否担心这些事情，这些都是“自己无法改变”的事情。

在感觉到压力时，若无法改变任何事情，最明智的选择就是接受它。

• 学会接受，但从小事、从自己开始改变

你需要学会接受那些无法改变的事情，但“接受”并不意味着“放弃”。接受是表示自己明白，世事是无法尽如人意的。

若是一味地抱持“放弃”的心态，那么，即使是面对自己无法改变的事情，你也可能会时常感觉到不满。所以，在我们接受了无法改变的事实后，你可以再试着找出，是否有自己可以改变的地方——即使只是一件小事也无妨。

虽然仅凭她一己之力是无法拯救地球的，但是，如果她可以做到一些事情，那么，她大可去做——这里强调的只是“不要为无谓的事情感觉到压力”。

你可以借着记录压力，试着分辨出这一压力对自己是否重要，以及在这一压力下所产生的事情，是否是自己有能力可以改变的。

● **写下压力记录，便可以让压力锐减**

以下是一件真实的压力记录：

担任某汽车公司销售部主管的李军最近感觉压力很大，他发现自己变得烦躁不安且易怒了起来。在抽出时间后，他在纸上列出了以下造成自己压力的原因：

①公司分配给团队的销售目标过于严苛，以至于团队眼下虽然努力，却无法达成；

②年轻人不买车的情况越来越严重，一般来说，新车没有二手车的销路好，这导致新车根本卖不动；

③每天早起都非常痛苦；

④对自己的长相感到自卑。

在将自己的压力分为上述四种后，他又写下了如下的分类理由：

①公司分配给团队的销售目标过于严苛，以至于团队眼下虽然努力，却无法达成；

（重要／自己可以改变）

理由：销售目标的确太过严苛，现在根本无法达成。但其他地区却有销售部门达成了相同的目标。提升业绩非常重要，所以只能想尽一切办法设法达到。

自己可以设法改变的是：向那些业绩优秀的团队“取经”，询问销售诀窍，同时与上司讨论具体的解决对策等。

②年轻人不买车的情况越来越严重，一般来说，新车没有二手车的销路好，这导致新车根本卖不动；

（重要／自己无法改变）

理由：新车越来越难卖是一个客观的事实，这是自己无论如何努力都无法改变的事情。其实仔细想一下，全国的汽车销售员都遭遇到了相同的问题。现实条件如此，我也只能接受，与其一味地抱怨，还不如想想其他的办法。

③每天早起都非常痛苦；

（不重要/自己可以改变）

理由：早起虽然并不是工作的重点，但也不能迟到。自己可以做到的是，减少晚上与朋友聚会去酒吧的次数，或是玩游戏到半夜。只要忍耐一段时间，便可以慢慢地转变自己的生活形态。

④对自己的长相感到自卑。

（不重要/自己无法改变）

理由：老实说，我希望自己可以再长高5厘米，但这已经是不可能的事情了。而且，即使长高可能也不会改变什么，再加上我已经有女朋友了，她也并没有嫌弃我矮。

模仿李军的压力记录写法，你就会发现，自己可以更妥善地面对与区别生活中的压力类型了。

- **将意志力集中在那些可以改变的事情上**

在区别压力为“重要”或者“不重要”的过程中，你应该以自己“第一顺位想做的事”为标准。因此，在记录压力的过程中，你需要尝试着一边记录，一边询问自己：“到底什么是我第一顺位的重要事情呢？”

对李军而言，眼下第一顺位的事情是提升业绩，所以，相比于早起、长相对自己而言，这些事情虽然重要，但从提升业绩的目的上来看，其重要性明显低一些，所以它们可以归类为不重要。

通过压力记录，你们便可以分辨出自己能改变以及不能改变的事情，同时也要设法接受自己不能改变的事情，唯有如此，才能大幅度地改变自己受压力折磨的情形。

运用“记录”“客观观察”的技巧，足以让自己了解为什么会有压力。学习着去面对这些已甄别出来的压力，建立起一个可以让“压力减少”发挥功效的环境，你的情绪失控次数便会大大减少。

3

第三章

训练：让你的情绪有默认选项

就如同每个人都有自己的生活习惯一样，每个人都有其情绪习惯。这些长久以来固定下来的情绪习惯成为主导人生效率的关键，更成为自我情绪的默认选项：听到自己不喜欢的话语便勃然大怒，遇到爱听的音乐就心情愉快。如何更正情绪系统中的坏情绪默认选项？这就需要我们通过具体的行为调整来改变原有的不良情绪反应。

1. 心范：你的情绪数据库

新晋升为经理的你正在检查下属们交上来的项目可行性调查报告。阅读的过程中，你发现某个下属的报告明显粗制滥造。你抽出几个独立的句子在网上搜索一下，竟然看到，这位下属是从网上几个不同的文章里截取了不同的段落，甚至连改动一下错误的标点符号这样简单的动作都没有执行。

这明显是在敷衍工作——你非常不满，但如何处理？你并没有此类的管理经验。突然间，你想起自己曾经的上司斥责一位同事的说法以及处理办法！

“好吧，眼下就这么办吧！”你下定了决心。

我们在生活中的一切经历——包括我们看到、听到、摸到、尝到及嗅到的，其实都储存在我们的脑子中，那实在是一个数目庞大的情绪数据库。当我们从中拿出其中任何一项经历，将其作为思想或者行为的依据时，便可称为心范。

心范的采用有时候是不自觉的，有时候却是有意的。它很有可能是你的亲身经历，也有可能是从他人那里听来，或是从别处看到的。心范与经验一样，当储存在脑海中时，它们多少会被扭曲、增减，亦即并非它的真实面貌。

你在处理事情时，很可能采用的是错误的心范。比如，你想要模仿的那位上司，他使用的是劈头盖脸先骂一通的错误做法，若你模仿之，进而形成自己的情绪习惯，那么，你很有可能会发现，自己逐渐变得与那位上司一样，不受下属们的爱戴。但心范的力量十分强大——它甚至会在无意识中控制你的言行举动，进而带你进入错误的情绪反应中去。

如何改变这种条件反射式的心范？你可以依据以下步骤进行。

- **识别你期望形成的新心范**

你对新心范的认识应该具体。比如，你是否希望减轻体重？尽可能清楚地了解你希望减掉的重量，以及在多长时间内达成目标（例如，在半年内减掉 20 斤）。

同时，稍微做些研究，如果你想节食减肥的话，就可以先计算出合理的预期减肥量。理论上讲，你可以在每个星期内安全地减下 1~2 斤体重，所以，半年内减掉 20 斤是一个合理的目标，且容易达成。

为什么容易？因为只要你按着原定的步骤进行，你的成功就是有保障的：这就是改变心范的基础，没有技巧，不讲噱头，你是否能成功，完全取决于你的选择。

- **形成改掉旧有心范的欲望**

你需要真心地去向往，那是一种能够从根本上促使你达成目标的欲望，你要明确这样一点事实：为此你必须放弃当前的情绪反应模式，这是促成心范真正改变的唯一途径。

你是不是仅在他人告知你应该做什么的时候才会去尝试改变？但这种外力并不足以成为你的驱动源。正相反，你需要问问他们为什么。你是否在拒绝习惯（或某种习惯的缺乏）给你的生活带来的影响？听一听你亲近的人的意见，并由此来激起自己改变的欲望。

在倾听的过程中，你可以列出以下内容：

◆ 若不形成新心范，你将会失去什么；

◆ 若抛弃旧心范，你将获得什么。

你要正视这样的事实：无法成功地计划，你就是在为失败做计划。

- **了解你改变心范的必要性**

眼下你希望改变的心范使你得到了什么？这种状况使你失去了哪些？很可

能你的火爆脾气让你的下属、同事们对你敬而远之；抑或你总是过于温和，以至于下属们对你缺乏足够的尊重。

面对自己的不满，你可以先学着去随机应变而不是条件反射式地带出旧有心范，进而创造出一个健康、积极的情绪习惯予以取代。

在这个过程中，你很可能逃避过去的经历所带来的痛苦，或者只想绕个弯混过去，但既然你希望自己建立起新心范，你就必须开始一项新的训练计划，并在每一天中寻找那些被浪费的锻炼机会，并将它们利用起来，建立起新的习惯。

- **尝试着使用正面讯息取代负面讯息**

你开始放弃旧有情绪习惯，或是开始新的情绪习惯时，你就已经改变了。此时，记得提醒自己，向自己传递“我正在尝试着少发火”“我已经变成了更果断的人”等任何与你的目标相匹配的讯息。只要你真心地相信自己已经有所改变，这些讯息就会解放你的思想。

不要回头看，你需要一个新的心范建立口号，那就是“我可以做到”。你必须铭记于心的是，对成功的坚定信念是成功的必要因素。

- **进一步加强你的行为**

在使用或者克制一种心范时，你会如何奖励自己？你会为自己的行为设置哪些后果？这一过程正是条件反射、新的习惯重建的重要部分。你应改变自己的奖励系统，并不断地向着成功的方向调节自己。

为了养成或者克服一种心范，你需要建立起重要的奖励 / 惩罚系统：若你期望少发火，你可以每一天记录下自己发火的次数，并根据次数来制定相应的惩罚或奖励机制。比如，为自己建立一个新的储蓄账号，每少发火一次，便往里存上 100 元钱；每发火一次，便扣除 100 元钱。看着用于奖励的钱不断地增加，你可以拿着这些钱来为自己买一些喜欢的东西，或者做一些有意思但不会破坏目的的事情。

这是由人类热爱奖励的本性所决定的：比起“得到”，我们更关注自己会“失去”什么。一旦你可以看到奖励到来的迹象，那件事情就可以帮助你变得更加聚精会神——只要你记得自己可能会失去什么，你坚持下去的动力便会更强。

• **在退出以前建立一项应急计划**

只要退出以前有一项应急计划，你就永远不会退出——这是改变心范最关键的部分：你需要在与自己建立的协约中做出承诺，并在心生退意以前就按照应急计划执行。

此时，不如为自己熬制一碗心灵鸡汤：找一些私人的地方，看一些正面的、乐观的断言，并对着自己慢慢地读出来，直到失败的恐慌与冲动开始减轻。

若企图中断计划的压力依然在继续，就写下一份支持你改变的朋友们的电话列表，在需要的时候，及时地打电话给他们，告知他们你快要坚持不下去了——最重要的是，绝对不要将自己的“退出”合理化！必要的时候，再提醒自己一次：只要坚持，我就能够做到。

早一些划清界限，你的成功概率便会大大增加。比如，你一灰心烦恼就想要借酒消愁，以至于现在必须戒断酒瘾了，那么，你的家里就不要放置酒，更不要允许自己进入酒吧。当你遇到最大的压力，并且发现自己已经站在超市的收银台前准备付酒钱，或者已经在酒吧里时，这就是一个警戒性的标志了：它标志着你已经越过了安全线，进入了危险区域，眼下唯一值得庆幸的是，你还没有开始饮酒，你的酒瘾还未复发。

这就是要为自己保留一个危险区域的必要性：早些意识到并尽力避免进入它，它便会成为你保存建立新心范的最后庇护所。

不过，你需要保证：这一危险区域不会伤害自己或其他人，如在处于危险区域中时，你的脾气会不会失控？学会控制自己的情绪非常重要：当你有了我们之前提到的血液上涌、全身发热一类的怒火升腾的征兆时，你距离自己的危险区域尚早——此时，不管发生什么，你应该立即离开这当下的环境：立刻就做！按照应急计划进行，以求使自己冷静下来。

正因为旧心范早已成为一种习惯，所以改变起来才会更加困难。但是，当你能够甄别出那些不良的心范时，其实你已经在内心深处意识到了改变它们的必要性：与其眼睁睁地看着它们破坏你的高效能人生，倒不如从现在开始，及时地更改选项。

2. 利用情绪 ABC，跳出情绪障碍

如果你与同事一起在街上闲逛，迎面遇到了自己领导，但对方并没有与你们打招呼，而是径直走了过去。你会怎么想？

现在，罗勇与张新也同样遇到了这样一件事情。罗勇是这样想的：“他可能正在想其他的事情，没有注意到我们。即使是看到了我们而没有理睬，也可能是有什么特殊的原因。”而张新却有着不同的想法：“上一次我顶撞了他一句，现在他竟然开始故意不理我了，看来，下一步他就要故意找我的碴儿了。”

两种不同的想法导致了两种不同的情绪与行为反应：罗勇很可能会感觉无所谓，继续该干什么就干什么；而张新却因此而忧心忡忡，以致根本无法冷静下来干好自己的工作。

从这个日常生活中常见的简单例子我们可以看出，人的情绪、行为反应与人们对事物的想法、看法有着直接的关系。在这些想法与看法背后，有着个人对一类事物的共同看法，即信念。

拿罗勇与张新的信念来说，前者在情绪心理学中被称为“合理的信念”，而后者则被称为“不合理的信念”。合理的信念会引发人们对事物适度、适当的情绪与行为反应，而不合理的信念则恰恰相反，它们往往会导致不恰当的情绪与行为反应。当人们坚持某些不合理的信念，且长期处于不良的情绪状态中时，将最终导致情绪障碍的发生。

这种情绪障碍的发生，完全可以用心理学家阿尔伯特·埃利斯的情绪“ABC”模式来说明。

- **认知情绪“ABC”**

美国理智情感心理学家阿尔伯特·埃利斯用另一种方式，更大胆地解释了

我们使自己的情绪默认选项倾向于悲观的问题。

在谈及情绪“ABC”模式时，他说道：

A：导火索（一位同事拒绝了你的晚餐邀请）+B：观念（没人喜欢我）=C：结果（心情不好，有被排斥的感觉）

你想要改变这种结果，即你的负面情绪，所以你需要改变自己的观点。而想要改变自己的观点，你就必须去分析它们。在这个例子中，你认为“没人喜欢我”，因此，你要去寻找支持这一想法的语气：为什么你会认为没人喜欢你？因为自己被一个人拒绝了，就意味着没人喜欢你了，这就意味着没有任何一个人会喜欢上你了，这就意味着你必须让每个人都喜欢上自己！（此时，自我安慰便发生了。）

情绪 ABC 模式
Antecedent：导火索，即引发反应的情景；
Beliefs：观念，即人们对该情景的想法；
Consequences：结果，即人们产生的情绪和行动。

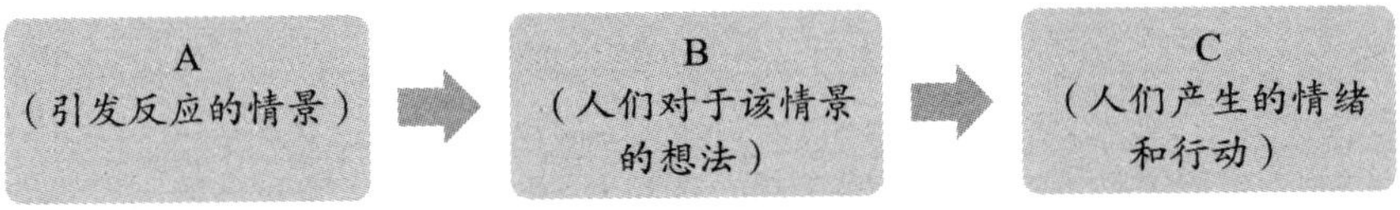

阿尔伯特认为通过“自我安慰”，可以让自己的情绪被一些“必须”主导着，如“我必须成功”“我必须获得爱”“我必须得到想要的东西”。

唯有通过改变你对自己的想法与观念，才能够改变情绪化的反应。唯有将不合逻辑的观点抛开，才能够使自己从那些不良的情绪中解脱出来。不管是嫉妒、愤怒、排斥还是沮丧，此后，你才能提升自己如快乐、开心与满足一类的适应性情绪。

- **认识到不合理信念，将其从大脑中赶走的第一步**

在生活中，我们常常会见到以下不合理的信念：

◆ 人应该得到生活中所有对自己重要的人的喜爱和赞许。比如，上司、合作伙伴、某个项目不可缺少的员工；

◆ 有价值的人理应在各方面都比别人强；

◆ 任何事物都应该按着自己的意愿发展，否则便会很糟糕；

◆ 一个人应该怀有忧患意识，因此，我们应该随时担心有可能发生的灾难；

◆ 情绪是由外界控制的，自己是无能为力的；

◆ 已经定下来的事是无法改变的；

◆ 一个人碰到的种种问题——不管是什么问题——都应该有一个正确而圆满的答案，如果你未曾为自己的问题找到一个这样的答案，便是无法容忍的事情；

◆ 对不符合大众价值观的人（如不认可“团队就是家”的人）应该给予严厉的制裁与惩罚；

◆ 逃避有可能遇到的挑战与责任，要比正视它们容易得多；

◆ 在任何情况下，都要有一个比自己强的人做后盾才行；

……

这些不合理的理念是怎样产生的？它们又是如何发挥作用的呢？

• 立足于 ABC 理论，认知到不合理观念的两大特征

依据情绪 ABC 理论对日常生活中的一些具体情况展开分析，我们不难发现，人的不合理理念往往有以下两个特征。

◆ 过分概括化

不合理的信念是一种以偏概全的、不合理思维方式的表现，它常常将“有时”“某些”过分地概括化为“总是”“所有”等，但这种简单的概括方法就如同仅凭借一本书的封面便判定它的好坏一样。

具体体现在人们对自己或他人的不合理评价上，其典型特征是以某一件或某几件事来评价自身或他人的整体价值。比如，有些人在遭遇了一些失败以后，便会认为自己“一无是处”“毫无价值”，这种片面的自我否定往往会导致自罪自责、自暴自弃等不良的情绪。而此类评价一旦指向他人，便会一味地指责他人，产生怨恨、敌意等各式的消极情绪。但事实上，人无完人，每一个人都有犯错误的可能性。

◆ 糟糕至极

此类观念认为，若一件不好的事情发生，那将是非常可怕与糟糕的。比如，“我没有得到那个晋升机会，一切都完了！”“我没有赢得那个项目的处理权，我在公司不会再有前途了。”此类想法是非更改的，因为对任何一件事情来说，都会有比之更坏的情况发生，所以，没有一件事情可以被定义为糟糕至极。但是，如果一个人坚持这种“糟糕观”，那么，当他遇到自己所谓的糟糕的事情时，他就会陷入不良的情绪体验之中，甚至会一蹶不振。

因此，在日常生活与工作中，一旦遭遇了各种失败与挫折，想要避免情绪推敲，就应该多检查一下自己的大脑，看看是否存在着一些“绝对化要求”“过分概括化”或者“糟糕至极”等不合理的想法。若有此类想法存在的话，就要有意识地使用合理的理念取代之。

● **展开“面部回馈假说”**

既然你已经意识到不合理理念的不合理之处，而且，你已经将自己的想法进行了重新的调整，那么，现在你又多了一件事情去做——展开“面部回馈假说”。

根据情绪反应中的“面部回馈假说”，你脸上的表情将会影响你的情绪状态。当你激活、控制了脸部表情的肌肉时，实际上已经触发了产生相应心情的内在改变：当你皱眉时，你就会生气；若你噘嘴了，你就会感到难过；若你在微笑的时候嘴角上扬，那你就会感觉很好。一切就如同歌里唱的那样“使灰色天空放晴”“换上一张快乐的脸”。

带上“面部回馈假说”这一工具箱，你能够做的就不仅仅是让灰色天空放晴：现在，你不需要再去刻意地控制自己的直觉，关注情绪出现以前的那些具体的想法，这样，你就会发现，自己能够自如地控制自己的心情了。

3. 更新信念系统：你有改变的可能

再一次陷入与同事的冲突之中时，同事指责杰西，他总是过于冲动，并且一向感情用事，直至将事情搞砸。杰西听到这样的指责不禁更加怒火中烧："你太过分了！你怎么可以这样说我！"

当其他同事将两人拉开后，杰西发现，自己的确存在着对方指责的问题，而且，他发现这已经形成了他的处事习惯甚至是个人风格。

"唉，看上去，我永远也改变不了这样的个性了。"难道自己就这样承担着"炮筒子"的"名声"在公司里一直担任中层下去吗？杰西早就知道，公司董事会之所以不提拔自己，与他无法控制情绪大有关系：董事们不相信一个无法管理好自我情绪的人可以管理好一个重要的团队。

你很可能常常听到甚至是经常听到自己说一些类似的话语：

"我不要再这样下去了。"

"我没有办法做好这件事情。"

"看来已经没有改变的可能了。"

"我已经彻底失望了。"

……

这些话语显示出说话人正陷于困境之中。困境中的"困"往往是因为事情中有一些自己无法掌握的因素，使个人感觉无可奈何，亦是无能为力。在困境中的人，往往轻易地将思想放在那些自己无法把握或者不想要的因素上。但是，假如有可能转而注意一些自己可以节制的因素，便有办法使事情得到改善，也就是说，可以"再来一次"和"越做越好"。这份情绪与认知上的转变，使事情有了新的转机：因为肯再试，而多了一份成功的机会，而且，每一次都比上一次好一些，累积下来，自怨自艾的人自然会少。

虽然很多人都能意识到这样做的好处，但真正能够做到的人却少之又少，根本原因就在于：极少有人会愿意去费力更新自己的信念系统。

信念系统中包括了信念、价值观与规则，它们是每一个人都拥有且与其他人不同的思想念头。一个人凭借着这套系统去处理人生中的每一件事情。可以说，这套系统决定了该人的成功、情绪感受与具体的人生成绩。

- **改变信念系统，从怀疑旧有信念开始**

我们之所以坚持某些信念，只不过是因为不相信它会带来巨大的痛苦，或是觉得这样做会让自己感觉很快乐。

因此，从现在开始，对自己坦诚一些："我过去是否对某一信念坚信不疑，而今想起来却感觉窘迫不已？"为什么会这样？关键就在于你发现了新的依据，从而发现，旧的信念行不通了。比如，你之前固执地认为你的老板是一个冥顽不灵、不通情理的人，直到发现他竟然暗中资助了一位罹患可怕疾病的基层员工。

当你发现自己有些信念不太合理时，你也可以尝试着去质疑它们："这些原则真的是正确的吗？""如果行不通该怎么办？"当你拿它们来质疑那些本就不合理的信念时，它们会产生巨大的能量，进而令你鼓起勇气去追求新的信念。

- **将那些正确的信念提升到强烈的等级**

从积极的角度来说，强烈的信念拥有极大的热情，可以激励人心，促使我们变得更加积极起来。因此，如果你想在现阶段的工作中做出改变，最有效的办法之一就是将信念提升到强烈的等级。记住：强烈的信念具有促使你采取行动的强大力量，使你横扫眼前的一切障碍。

当你想要建立一个强烈的信念时，你可以采取如下步骤：

- 建立一个基本的信念；
- 不断地吸收新鲜而有力的新依据，来强化这一基本信念。

比如，因过多食肉而日渐臃肿的身体影响了你的效能，现在，你决心成为一个素食主义者，不再吃肉，为了坚定这一决心，你就需要去与那些选择素食生活的人交流，从他们那里了解：

是什么促使其改变了饮食习惯；

选择了素食的生活以后，他们的身体、生活上有何好的变化；

如果吃肉的话，动物蛋白会对人体有什么样的影响。

你得到的依据越多，你对“素食更有益于健康”的信念就会越强烈。

◆ 寻找或自创一个有力的依据，好好问自己：“如果我不这么做，会付出怎样的代价？”这样的问题会帮助你不断地巩固信念，进而达到深信不疑的程度。

比如，当你决定减肥时，你最好去了解一下隔壁部门那个胖而苛刻的管理者的下属对他的看法，那些称呼与对话，很快会让你意识到，保持一个良好的身材，与保持业绩上的高效一样，都能够帮助你提升自己在员工心目中的形象。而这样的经历必然可以使你更加勤奋地坚持每天的锻炼，同时对“保持身材”建立起强烈的信念。

◆ 将信念付诸行动。每一次的行动，都必然会强化该信念，并使你保持该信念的决心更加强烈。

● 找出那些具有帮助性的信念系统

人皆有信念，而且数目不少。为了真正地控制情绪，我们需要了解的是，哪些信念会影响到我们的情绪。

现在，请你放下一切，给自己十分钟的时间，彻底地整理一下脑海中的信念——不管它们是积极的还是消极的，都尽可能地将它们列出来。

◆“如果……就……”式信念

“如果我全力以赴，就能够在这个项目上获得成功。”或“即使我将所有心血花费在上面，它的成果也不会完全属于我。”

◆ 普遍式信念

比如，“努力就会有收获”或者“职场残酷”。普遍信念涉及了自身机会、时间、看法等。

在接下来的十分钟里，尽可能详细地将这些信念列出来。

积极的信念

消极的信念

现在，你是否已经列好了单子，并囊括了两种性质的信念？审视这些信念：你从中学到了什么？

花费一些时间，好好地看一下自己的上述信念，并在“积极的信念”中挑出三个对你的人生益处最大的信念，同时问自己：

- “它们如何帮助了我？”
- “它们如何提升了我的人生？”

思考一下它们对你的人生所产生的长远而积极的影响。在明确了它们所带来的好处以后，好好地保存它们，并将其当成自己日后处理情绪、与人相处时的准则。

接下来，再看一下那些消极的信念：好好审视一下，看看它们会带来怎样的后果。将其中最消极的两个信念找出来，并下定决心，彻底地抛弃它们，脱离它们的控制，避免让自己的人生为它们再次付出高昂的代价。

记住：只要开始质疑它们的“帮助性”，就可以逐渐地撼动过去支持你持有该信念的支柱，长此以往，便可摆脱其影响。

可帮助你质疑消极信念的问题
◎该信念有什么荒谬可笑的地方？
◎持有该信念的人值得我学习吗？
◎持有该信念最后会让我付出何种情感代价？
◎持有该信念最后会让我付出何种人际关系代价？
◎持有该信念最后会让我付出何种健康代价？
◎持有该信念最后会让我付出何种经济代价？
◎持有该信念最后会让我在家庭或爱情中付出何种代价？
若你能认真回答这些问题，那么，旧有信念就会有所松动。

如果你尚未获得期望中的人生，不妨问问自己：“我要有怎样的信念才能获得成功？”或者“谁已经在这个领域获得成功？他的成功信念与我的有什么不同？”“成功必须有哪些信念？”经过这样的询问，你或许会发现那些你忽略掉的关键信念。

在检视消极的信念时，记得关注自己的情绪改变：只要你能够找到新的积极的信念，你的情绪就能立即得到改善，同时你也可以真正地以行动来扭转自己的命运。

4. 摆脱神经惯性，中止旧有行为模式

李昂大学毕业后，如愿地成了一家报刊的记者。这日，他的上司交给

他一项任务：采访一位知名作家。

第一次接到重要的任务，李昂并不是欣喜若狂，而是愁眉苦脸。他有自己的担心：自己任职的报刊并不出名，而这位名人却相当有影响力，他真的会接受自己的采访吗？

同事胡飞知道了他的苦恼后，笑着对他说："我很理解你，但打个比方，这就如你躲在阴暗的房子里面，一直想象外面的阳光多么炙热——其实最有效的办法是去行动。"

随后，胡飞拿起电话本，查询到了这位作家的办公室电话。很快，他与作家的秘书接上了号。接下来，胡飞直截了当地提出了他的要求："我是《××报》的新闻部记者李昂，我奉命访问作家××，不知道他今天是否有空？"旁边的李昂被他的坦率吓了一跳。

胡飞一边接电话，一边不忘抽空向目瞪口呆的李昂扮个鬼脸。接着，李昂听到了他的答话："谢谢你。明天下午2点半，我准时到。"

"瞧，直接说出来，远比你坐在那里担心管用多了！"胡飞向李昂扬了扬话筒，"明天下午2点半，你的采访任务可以顺利完成了。"一直在旁边看着整个过程的李昂面色放缓，似有所悟。

此后，李昂开始反思自己的行为与想法：为什么自己会在未正式开始任务以前，就将它想象得过于困难？而这种习惯性的思维早已主宰了自己的行为模式。可现在看来，自己真的有些过于放大遇到的难题了。

人类思维有一种天生的惰性：看到喜欢的事物会高兴，遇到不开心的事会沮丧……为了可以始终有某种一致的感受，我们会养成独有的思维方式、看事情的角度与处理事情的手法。然而，当我们想要有另外的结果时，问题便会出现了：由于沿用旧有的想法与做法，往往不可能产生新的结果。

我们没有必要让自己的情绪一成不变，事实上，我们的情绪习惯中随时都蕴藏着能立即改变的能力，只要我们调整一下看似已经形成了习惯的神经系统，那么，之前被惯性拴住的能力便能够释放出来。

不管是何种情绪，只要形成了习惯，它的发生都会与我们的神经产生关联，进而在脑子中建立起一条渠道。如果你一直使用这条渠道，它便会越来越大。反之，若是不去使用，它就会慢慢地萎缩，直至消失得无影无踪。

因此，想要释放这种被情绪惯性所束缚的能力，你就必须掌握住可引导人生的神经渠道，使它们可以不断地引导着你过上积极的人生，而不是时时生活在无助、恐惧或沮丧之中。通常情况下，若你可以不断地干扰自己的旧有情绪模式，那么，它最终会发生改变。仅拿记忆混淆感受的方法来说：你之所以会情绪恶性，是因为你的心里一直想着那件让你挂心的事情。

比如，当你被下属惹毛时，很可能一整天你都在一直想着这件事情。在脑海中，你仿佛能一直看到他不把你当一回事的表情与向你回嘴的无礼，结果，你的心情就会越来越坏。

为什么要让这样的事情不断地困扰着你呢？为什么不将这一幕从脑海中消除掉？难道你希望带着这件事情或者对这个人的负面印象，让自己一直付出沮丧、不安与愤怒的情绪吗？如果能够改变眼下的不良情绪，难道你不愿意去做吗？

想要建立起新的情绪习惯，单单知道所要实现的目标以及拥有信心并不够，你还需要有高度想要改变的意愿才可以。如果你一直秉承之前的想法或做法，那么，你的改变基本无望，你依然会生活在沮丧与痛苦之中。

如果你已经建立起了“我必须改变这种不良的情绪习惯”的信心，以下就是一些可以改变这种情绪习惯的步骤，日后若是有什么事情引发了你的习惯性恶劣情绪，你就可以拿来一试。

- **在脑海中重绘当时的情景**

找一个安静的所在，在脑海中重新描绘一下那件令你十分困扰的事情，你要如同看电影一样，注意其中的每一个细节与过程，不要心情激动——平静地回想可以帮助你更好地认识自己的情绪转变。

- **将脑海中的一幕不断地转化成漫画形式**

设想自己正坐在一个舒服的沙发里，脸上堆着安逸的笑容，气定神闲地翻阅着包括了这一全程的漫画书。

若哪个人对你说了什么样的话，此时，你便仿佛看到他们将话吞了进去——让事情完全快速地倒放回去，随后，再以更快的速度正放一遍。

做完以后，再来变更一下里面的人物色彩：尝试着使他们的脸都变成七彩的颜色——若哪个人让你感觉到格外不愉快，那么，就给他改头换面：让他的耳朵变得像米老鼠一样大，鼻子则像《木偶奇遇记》里的匹诺曹一样长。

按着这样的方法，反反复复地快速做上十几遍，不断地将里面涉及的人、事、物的样子与颜色进行改变。同时，加上一些音乐演奏——不管这是你所喜欢的音乐还是古怪的音乐，尽量让它们与那个使你不快的图像连接在一起，相信这必然可以改变你之前的感受。

需要提醒你的是：做这一步骤时，最需要注意的就是臆想的速度——你要在快速回想的过程中，以夸张、扭曲的方式来改变人、事、物。

- **再次回想事件感受**

现在，再来看一下自己对先前的那件事情感受如何。

如果你在第二步骤做得不错的话，那么，你的情绪必然会有所改变，至少，不会再像之前那般恶劣或者低落。

这一方法也可以用在那些多年来一直困扰你的事情、情绪习惯上——它比你花费几小时分析原因、尝试找出改变办法来得更加有效。

这一方法做起来并不是很困难，但是却非常有效，其原因很简单：我们人类的一切感受都出自心中一直注意的图像以及相关的感受、声音，三者结合起来，便会对我们的情绪造成或多或少的影响。一旦我们改变了那些令人不快的图像与声音，那么，我们内心的感受也会随之而改变。

当我们一再重复这样的改变时，之前的情绪便不会再出现，因为之前建立起来的情绪连接已经慢慢地消失了。

5. 放弃扩大困难模式

那些悲观人士们常常这样形容自己的人生："我面临的困难远比想象中更

多。”但过分想象困难，其实往往会使个人陷入负面的情绪之中无法自拔。

乔平是一名出色的跨国公司的系统分析师，在某个假日，他与自己的妻子一起外出度假。在旅行的飞机上，他看到了一份《华尔街邮报》，在这份报纸的封面上刊登出了他们的公司与另一家大型公司合并的大字标题。

在读了内容以后，乔平愤怒地将报纸丢在了地上：“这将涉及我们公司在中国的业务部，他们要裁掉数千名的员工！这真是一场大灾难！”

他转过身来，对妻子说：“看来，我的董事会又一次成功地毁掉了我们的假期。”

如果你每天都在数着自己经历的困难数量到底有多少，那么，在面对着日益增长的困难数量时，肯定有那么一次甚至是多次，会让你感觉到，自己对一些事情是无能为力的。面对困难却无法自我超脱所付出的代价，会比我们以为我们所必需的还要深远。

想象一下，如果正坐在飞机上的乔平拥有更出色的情绪反应能力，那他的情绪默认选择项可能会下意识地做出以下的反应：“这的确是一个重要消息，好吧，感谢上天，我现在正在度假，在我正式去上班以前还有这么一大段的时间可以远离工作。可以想象，在上班以后肯定会有大量因为公司合并而产生的事情要去处理，既然这样，不如先将它们放下来，尽情地享受这个美妙的假期！”

这种反应将提供诸多益处：他的身体将保持着体力充沛，他的态度将依然保持乐观，而他的假期也不会受到任何影响，他和妻子的关系也将通过她给予他的尊敬和他反馈给她的感激中得到增强。他们共同度过的时光因为前方不确定的将来而变得更加珍贵，他也将从当前的合并中积极寻找将来的机会——而如今，这一切将很难美好，这种人生的不足，仅仅源于他对困难的可波及范围没有恰当的了解。

过分地想象困难所带来的伤害是负面情绪成为个人情绪系统默认选项的典

型表现，而导致这种现象的直接原因就是，个人对事件的可波及范围没有恰当的定义。

可波及范围决定着你对现有问题的感知能力有多大，或者程度有多深。根据人类情绪波动，我们可以发现：出现的问题越大，由这件事情导致的无助、冷漠与随之而来的懈怠也会越大，而那些越微小、越容易处理的挑战，往往不会出现被弄得一团糟糕的倾向，同时，它们对于一个人解决或者超越某些障碍的影响力也会越强。

- **就算是再大的困难，它所能波及的范围也是极其有限的**

所谓困难的可波及范围，即困难在你的生活或工作中可以抵达的范围。可波及的范围决定你对现有问题的感知能力有多大，或者有多明显。出现的问题越大，个人认为越不受自我控制，由这一问题引发的恐惧、无助、冷漠和怠惰等潜在负面情绪也就越大。相比之下，越小、越容易处理的挑战，越是不会出现被弄得一团糟的倾向，同时对一个人解决或超越某些障碍的影响也越大。

这其实是一种必然：大难临头时，你依然允许自己遇到的困难如同一把火炬一样在情绪的油桶上熊熊燃烧，甚至在被控制前允许其覆盖相当大的精神面积，那它便极有可能在下一秒钟爆发。

比如，你有两名同事在经济低迷时期从网络上收到了同样一则商业报道，其中一名同事可能只会将经济低迷看成一颗一闪而过的流星，但另一名同事却极有可能将它视为世界末日的开端——这种隐藏的病毒会慢慢地吞噬掉那些身处经济震荡时期却对经济复苏不抱信心的人们的灵魂。

可波及范围决定着特定困难是如何悄然吞噬或是损害情感的，在这个过程中，你可以看到自我情绪发生的真实变化：一个依赖电脑工作、生存，以至于将电脑瘫痪视为绝对灾难的人，要比那些将它当作有限烦恼的人，更能在失去电脑时体验到大祸临头的感觉。前者会感觉失去电脑以后自己什么都做不了了，但后者则会付诸行动，并展开相应的行动，以改善自己的处境。

可波及范围同时也是一种能够引起最大恐惧和担忧的元素，恐惧和担忧是负面情绪中的一对好伙伴——它们都建立在对当前事件的消极设想之上。那些整日杞人忧天的人经常会在自己的脑海中填满各式各样的担心和恐惧，在他们看来，所有的坏事很可能会“确凿无疑”地接踵而至！

这种没有可靠根据的负面情绪所带来的令人啼笑皆非的后果，往往是失眠，而且是程度远超过之前个人所遭遇过的绝大多数真实发生过的事情。更可怕的是，这种慢性恐惧和担心会使一个人变得非常懦弱，根本没有能力去采取最佳的应对行动。

其实，如果你可以限制困难的可波及范围，以及自我冲动范围，改善有可能会出现的结果，你便能够尽力去想象困难得到解决以后的未来，而不是将自己的眼界缩小到仅仅是眼前这一块。与此同时，你还会尽力去克服因困难而产生的恐惧与担心，并让自己明确地知道：这件事情是有限度的，没有必要将它扩大到生活中其他的方方面面。

- **从正视抱怨开始，缩小受困难影响的范围**

可波及范围就像个人积极情绪选项中的核心元素一样，它具有一种高度私密性质：

◆ 首先，负面情绪的最初触发是在身体内部，即大脑和细胞内发生的；

◆ 其次，按照社会正常标准，我们更会在思想上而不是口头表达上受到灾难的打击。人们往往会在形成语言之前监控或者过滤自己的思想，这样一来，我们说出来的往往是比较合适的想法。

这种过滤的具体强度会受到个人所处工作场所或是社会文化的影响。有人会有一种预示很久以后将发生困难的反应模式，即过分地担忧未曾发生的事情，但是他们却不会让它显示出来。虽然这会使他们在表面表现出乐观与积极，但事实上，因为思想也会影响情绪，再加上无法向他人倾诉，所以，他们在内心也会遭遇到同等甚至是更严重的伤害。

从这一意义上来说，让自己的情绪默认选项呈现出积极状态，不仅在于你脸上整天挂着微笑，或者对别人说些快乐的事，它更在于改变映射在你大脑中的反应模式，这样一来，你的语言和行为就会因自我反应模式而获得自然而积极的结果。因此，设置积极的情绪反应模式可以首先从消除或者至少可以减少抱怨开始做起。

- **重新建构自我思维，使困难变得渺小**

是通过将困难推向未来，以帮你中断浮想联翩的担心与无休止的抱怨，还是在眼下重新构建自我思维，使困难变得渺小起来，其实都是内在情绪的自我放纵过程。在这一过程中，你的注意力被强烈内化：你创建起了一个只有你认为存在的临时现实。重新建构使你得以重新看待事情的发展方向，更让你重新以另一种眼光来看待困难。

当你反复思考时，往往会产生两个结果：

◆ 将问题扭曲到完全不能解决的程度；

◆ 将注意力高度集中到自己身上或事情的后果上，从而无法再去担忧除此以外的事情。

此时，以让自己变得渺小的方式来思考问题，也可以使自己暂时地摆脱困难。所谓“变得渺小”，就是不断地将自己放在这样一个环境中，在这个环境里，你本人与周围的内容对比显得十分渺小。如果你喜欢山峰的话，对你而言，没有什么能比站在一座一万四千米高的山脚下，更能让你立即从眼前的困难中解脱出来。

类似的，你也可以去海滩散散步，或是凝视星空等。当你面对无边无际的星空或大海，甚至将自己融入整个宇宙时，你会感觉到自己是多么渺小，你遇到的麻烦是多么的无关紧要！

此外，换一个具体的环境也是打断困难反应的一个有效方式。有时，坐在机场、车站或其他人多的场合也很有成效：你静静地坐在那里，喝着一杯果汁，看着人来人往、车水马龙，看着不同的人脸上各式各样的表情，听听他们的不同言语，颇有一种超凡脱俗之感。此时，你很可能会产生这样的想法：“每个人都有遇到麻烦的时候，但这一切终会过去的。”

“每个人都有遇到麻烦的时候，但这一切终会过去”——放弃将眼前遇到的问题扩大化，并对其进行恰当的定义，这本身就是让你摆脱负面情绪，进而在拥有积极情绪的同时解决问题的基本点。

6. 用对字眼，便能带来重大改变

因为合作伙伴表现出了预期以外的贪婪，代表公司参加谈判的恩林与李杰不得不去面对这种困境。

恩林气得有些失去了理智，他不仅嘴里不断吐出“气炸了”“气疯了”及“气死了”的字眼，面部更是涨得通红、头冒青筋。

但相比之下，李杰却更平静一些。在他看来，这是新的挑战，没有什么可生气的：“如果你现在就无法控制自己的情绪，那在接下来的谈判中，你肯定要输给他了。”

两人的反应呈现出强烈的对比：恩林为了取得局势的控制权而发怒，而李杰却惧怕因发怒失去对局势的掌控——情绪反应虽然不同，但目的相同。

这一常常出现在现实中的情景不得不使我们警惕：在说话时使用的、用来形容内心感受的字眼，到底会对我们的情绪产生怎样的影响？

我们都知道，通过五大感官，我们可以将四周的现象输入头脑中，进而“诠释”为我们内心的种种感受。然而，我们要如何才能刻画出这些感受呢？最快且最有效的方式，莫不是给它们贴上容易辨认的标签，而这些标签即我们习称的“字眼”。

“字眼”就其本意而言，只是将我们之前的遭遇与感受重现出来，但在重现以后，不同的字眼却会出现不同的情绪反应——可以说，字眼是脑子里生化反应的催化剂。就如著名作家马克·吐温所说的那样：“适当的用字极具威力，每当我们用对了字眼时，我们的精神与情绪会有很大的改变，而这种改变往往发生在稍纵即逝之间。”

● 负面的字眼，最容易产生负面情绪

在生活中时时使用踊跃性的字眼，最能振奋自我情绪，反之，若选择了消极的字眼，便必定很快陷入沮丧之中。遗憾的是，大多数人常常不留意自己所使用的字眼：我们所使用的字眼会深深地影响着我们的情绪，也会影响我们的感想。因而，若我们无法好好地控制怎样用字，就很可能会扭曲自己所经历的事实。

比如，当你在向下属形容你们的团队所获得的一项很了不起的研究成果时，用的字眼是“不错的”，那么，你们便很难感觉到高兴——这全是因为你用了存在局限性的字眼。

想要有心地掌握自我情绪，就必须有意地去改良所习惯用的字眼，以求它可以将我们带向愿望的方向。中文的很多字眼除了字面上的意思以外，都带有情绪反应的特征。比如，当你养成了动不动便说“讨厌”这个字眼的习惯时，你往往会随口说出“讨厌”你的工作、“讨厌”你的员工、“讨厌”某项任务……当你厌恶的次数多了以后，便会因此而产生负面的情绪。

使用不当的形容字眼往往会使人误认为它是我们的实际遭遇，更恐怖的是，你却很可能并不知道这些字眼对你的人生所产生的影响。当你动不动就把“生气”“愚蠢”“不幸”等字眼挂在嘴上，甚至向你的团队、同事灌输时，他们便往往会依据这些字眼来行事——不管它是不是真的可以准确地代表你实际上的感受，但它们所带来的结果是，一件小事被形容成了一桩大灾难。

● 踊跃性的字眼，最能振奋我们的情绪

想要养成积极的情绪习惯，你就应让自己习惯使用“引动情绪”的字眼，这些字眼可能很巧妙地转变自己或他人的情绪。比如，当我们想起“骑士精神”时，它所给予的感受往往比“温文有礼”与“名流风采”更多——我们甚至会想象到一位儒雅的骑士，做着符合自己身份的事情。

又如，“无懈可击”“正直不阿”这种字眼，便不单单是“做得不错”“为人老实”所能等量齐观的，至于“寻求出色”这个词语又远比“尝试做得更好”

更能带给你强烈的感触。

- **明确并更多地使用正面词语**

“正面词语”辅助我们运用词语去改变思维，从而使自己在面对事情时有更积极进取的立场，在遇事时可以更快地找到解决办法，逃出困境。

说“我解决不了”的人不仅陷入了沮丧情绪中，若常常如此说，还很有可能因此而成为人生失败者。但常说“我要找出一个解决措施”的人是一个乐观者，更有可能因其正面性而成为一个成功者。

其实，针对同一种情形，信念系统的不同，往往会呈现出不同的语言，而转变语言，便可以使心态改变。即将句子中的“不”“没有”等带有强烈负面情绪的词语删除，改用正面的词语代替。

例如：

◆“我不要再这样下去”改为“我要做出新的改变”；

◆“我没有办法”改为“我要尝试着从一个新的角度去看这个问题”；

◆“看来已经没有改变的可能了”改为“我要打破僵局，找到一个全新的突破方式”。

看着上面的句子，你会发现，负面的句子会把人困在一个圈中，而其文字的意思完全是静态的；正面的句子则是有动感的、活跃的句子，是可以有所举动的意思。

因此，在平日里，不管与他人对话，还是与自己对话，你均应尽量使用正面的词语，日子久了，你便会发现，自己已变得更积极、更有效率了，同时也更加豁达起来。

事实上，这也正是决定人生的关键：那些遇事顺利成功的人说话多用正面词语，而那些潦倒灰心之人往往说话中充斥着负面词语。改变语言，的确可以改变一个人的心态；当然，若你的团队中常有使用负面词语的员工，你也可以通过正面词语的训练，来帮助他们改良人生。

请尝试使用一句正面词语代替以下的负面词语，亦等于用冲破性的谈话去取代窘境中的谈话
我不希望没有人配合我。________________ 我没有钱。________________ 这问题没有办法解决。________________ 跟随他会压力很大。________________ 从来没有想过。________________ 以前从来没有人成功过。________________ 这件事情太复杂了。________________ 我们的客户不会接受的。________________ 我认为这很无奈。________________ 负面的词语代表的是困境，跳出困境就是海阔天空，而代替的正面词语代表着，我们的人生可以有许多不同的选择。

以下是一些例子，它们可以让你清楚：困境只有一个，但突破的规则却有很多。使用同样的意思将话语用正面词语说出来，我们的情绪状况与个人能力便会大有不同。

困境中的话语	突破性的话语
我不希望没有人配合我。	我会多去与团队中的成员们交流。 我要增加参与团队活动的机会。
我没有钱。	我要增加收入。 我需要找出一些地方来节俭一下。
这问题没有办法解决。	这问题需要一个新的思考角度。 我们面临了一个新挑战。
我读书少。	眼下我应当报读什么课程？ 我要找到需要更高学历的事业机遇。
跟随他会压力很大。	我要提升自己的速度。 我要学习如何提高效率。
从来没有想过。	这件事有新发展的可能。 是时候去想一下了。
以前从未有人做过。	咱们有做第一个的机会。 应该怎么开端？

从字面上看，当一个人说“我会不断地战胜困难”或者“我决心将障碍排除”一类的话语时，我们会嘉许此人的勇气，但也会发现，他的话语已经明白地显示出来：他活得很辛苦，往往无法成功——而且，在潜意识层面上，他要一直制造障碍，好证实本人“有信心去排除障碍”。

但如果你希望自己在潜意识中拥有良好的情绪、更惬意的人生，你就应防止给自己增加此类辛苦的指令，而用“我会尽力去达成目标”与“我决心去争取胜利”。

因此，你应切实地牢记：你口中的话语、运用的字眼会主宰你甚至是他人的意念，最终影响你的行为。如果你想要从现在开始改变自己的情绪选项，从谨慎地选用字眼开始吧！这些字眼可以使你进取、乐观、更加振奋。

7. 建立持久改变，创造一个不再忧虑的行为模式

你是否曾经告诉自己，你必须对所觉察到的问题不断地展开苦思，直到找到确定或者几乎确定的解答？你是否有这样的感觉：一旦事情发展得太过顺利，那么未来便一定有些事情需要担忧？

如果你的答案是肯定的，那么，你或许正在因为习惯性的“尽责忧虑”而受苦。

忧虑是一种情绪状态：当你觉察到未来有可能发生自己不希望发生的事件时，便会升起这种不舒适的状态。忧虑者会感知到未来的负面可能性，并将其视为严重的、未解的问题。比如：

身为部门主管的你担心：我的下属们能够完成这项重要的项目吗？他们是否具有足够的知识储备？

身为员工的你担心：一位重要的客户在与我交流以后莫名地流失掉

了，公司是否会因此而怀疑我的能力，进而解雇我？

身为同事的你担心：刚刚我在茶水间看到了平日里有些多疑的同事，但因为忙着接电话而忘记打招呼了，他是否会认为我对他有所不满？

你的忧虑可能聚焦于此类问题上：我能做什么来帮助下属完成工作？我能做什么以避免被解雇？我能做什么去减少同事的不满？尽责忧虑者，就是习惯于这种后续“要为此做些什么”的忧虑。

这些忧虑与你尚未有答案的问题有关系。你会觉得有发生严重坏事的可能性，而且迫在眉睫，你也同样会感受到必须避免这种坏结果发生的巨大压力。

事实上，你通常会告诉自己：只要人生中有重大错误发生，你就不能允许自己快乐，而是必须持续苦思、烦恼，直到情况得到解决。最常见的例子是，一位母亲或许在亲爱的孩子生病时，不允许自己有一丝平静，她会告诉自己，只要自己的孩子还在受苦，那么，自己也必须受苦。

从这一意义上来说，所有的忧虑本质上都是负面的：你认为某些事情将变得极其糟糕，令你一再反刍思考，因此，忧虑可以被归为情绪上的自我压抑。仅就这一层面上而言，忧虑并没有助益，但也不会造成严重的伤害，直至变成一种慢性的症状：你或许会因为下属还未完成工作而忧虑，唯有他上交到你手中一份优秀的答卷，你才能停止忧虑——这是一种习惯性的忧虑，长期运作下来，你可能必须付出个人幸福作为代价。

如何改善这种会妨碍自我幸福的忧虑模式？你需要从了解它的形成模式开始做起。

- **已成自然的习惯性忧虑是如何养成的？**

重复的忧虑经验使忧虑这一情绪在我们的大脑中形成了强化过的神经传递路线，这使大脑很容易被触动，进而产生重复忧虑的思想。

所谓“习惯成自然”，一旦忧虑成了习惯，便会形成忧虑型性格。这种人的特性是：
◎ 缺乏安全感与自信的人；
◎ 担心自己的应付能力，怕不能应付；
◎ 将结果看得太沉重，太紧张结果，怕失去，怕失控；
◎ 需要高度控制周围的环境和一切，无法做到随机应变；
◎ 对事情过分的执着，总是抱有过高的期望；
◎ 无法容忍失望和失败；
◎ 以为忧虑得多就代表着关心与努力，就意味着自己正在处理问题。

值得一提的是，为什么忧虑者往往难以改变忧虑的习惯？这就需要从成长经验开始谈起：

◆ 过往的经验（如创伤体验），使我们产生了惯性的思想与行动模式。

◆ 误以为忧虑是自己应尽的本分，是负责任的表现，更是关心身边人的表现，如“我只有担心你，才代表了我关心你”。

◆ 国人的保守性格决定我们往往需要更多的安全感，因此，我们大多喜爱安定，不喜欢冒险和改变，容易忧虑事情会起变化，更畏惧后果会深不可测。

◆ 对自己与他人缺乏信心，缺乏信心的人害怕面对挑战，同时更容易忧虑；对人缺乏信心，同时也不相信别人会帮助自己。

◆ 对人生有过分的执着、过高的期望，认为人生“应该”是自己设想的模样，一切就理应如你所期望的去发展，无法容忍失望，更不能待在不如意的处境中。

在生活中过分忧虑，会影响我们的生活质量，在工作中过分忧虑，则会使你的效能下降。想要使已呈现出负面忧虑的情绪向着积极的方面改变，你就必须常常与那些多年养成的某种习惯展开抗争。

在你改变个人行为模式的过程中，你可以采取以下举措。

● **分阶段实施法**

分阶段即细分眼下的工作目标。对于那些大而没有足够吸引力但不完成又会引发你过分担忧的工作，你可以将它们分成小而易做的工作去做，而不要强迫自己一下子将整个工作完成。不过，你要做好你表中所列的许多“阶段工作”中的一项。

比如，你已经拖延很久，因为忧虑某通电话会令自己不快，因此不愿意去打。在这种情况下，采取“分阶段实施法”，你就可以按着以下步骤来进行：

①查出具体要打的电话号码，并且写下来；

②定下一个打通这个电话的时间；

③找到一些相关的资料，看看这个电话到底与什么有关，究竟是怎么一回事；

④先在心里想好自己要说些什么，甚至将这些及下一步要说的话写下来；

⑤真实地打通这个电话。

对于那些大而重要的工作，拖延下去明显会加重你的忧虑，在这种情况下，你就更需要制订出一份详细的细分计划表了。但是，你要使每一件细小的工作简化，最好简化成可以在几分钟以内便可以解决一两件立即能够做好的小事——这样按部就班地完成这些小事，可以使你担心工作无法完成的忧虑程度大大减轻。

● **设计平衡评估表**

使你摆脱一味忧虑却不行动的困境的另一个好办法，是使用文字来具体地分析你所要做的事。

在一张纸的左边，列出你拖延某件工作有可能的所有糟糕结果；在右边，则列出你着手完成这件工作有可能得到的所有好处。

这样对比后，你会发现效果惊人：在左边，你通常会看到诸如“公司不再认可我的能力”“失去同事 / 上司信任”等可怕的结果；相比之下，你在右边列出的诸多好处，其中第一个好处就是完成一件令人忧虑、不快的工作后所获得的那种解脱感。

这种效果表现得非常快速而富有戏剧性，它会让你看到行动的力量，你会立即从一味地忧虑中清醒过来，并立即投身于工作中去，从而获得你在表中所列的许多好处。

- **养成有系统的习惯**

这是针对那些不能立即动手的任务而设置的方法，无法立即动手并不是因为这件事有什么特别的困难，而是因为你已经养成了在忧虑中拖延的习惯。值得一提的是，拖延很少是因为某些特定事项才拖延的，它往往是由一种根深蒂固的行为模式导致的。但如果你能够改变一味忧虑却不行动的思考习惯，那么，一切都会得到解决。

这件事实非常重要：那些效能高和效能低的人的最大差别往往在于两者的想法。

◆ 办事效能低的人习惯这样想：这件工作虽然必须做，但它却是一件令人不快 / 会让我感觉烦恼的工作，因此，我选择将它暂时搁置；

◆ 办事效能高的人则习惯这样想："这项工作虽然眼下会令我不快，但因为它必须做好，因此，与其让它一直搁置在那里、成为忧虑的来源，还不如现在就把它做好，好早一些将它忘掉。

情绪习惯，不管是好的还是坏的，都是令拥有者舒服的习惯，而改变恰恰会让你在尝试最初感觉不舒服。或许你已经努力过好多次了，单纯地以意志力量来改变忧虑的习惯，结果都失败了——事实上，改变忧虑习惯并没有什么困难的，只要你采取合适的方法即可。

4

第四章

情绪感染力：开拓竞争优势的新源泉

他人的喜怒哀乐往往会在极短的时间内感染我们，这种感染力速度之快，甚至超过了一眨眼的工夫——受到积极情绪感染的人们往往会表现出热情高涨、积极上进的模样。想要在原有基础上进一步强化自我竞争力，高效能人士便需要学会利用情绪感染力，使他人之力量为己所用。

1. 运用同理，产生比“我理解你”更多的作用

你沮丧的下属坐在你的面前，他说想和你谈谈。

他向你倾诉自己遇到的客户有多么难缠，眼下，他已经因为某项工作迟迟无法完成而失去了信心。你一边在心里想着：“这到底和我有什么关系？这明明是你没有足够的上进心！”一边在嘴上说着：“我理解你。”同时，你的手上还拿着一本公司新产品的说明书在看。在你看来，你愿意花费时间去听他说已是莫大的恩惠：要不是他是你最看重的下属，你只会臭骂他一通。

可是，在你的“恩赐”式对话中，原本充满了倾诉欲望的下属渐渐话越说越少，终于，他起身：“我看我还是辞职吧！”

此时，你不知道问题出在哪里：你已经表达了自己的理解，为什么他的情绪与举动还是走向了你不愿意看到的极端？

要真真正正地做到同理，第一件事情就是倾听与观察，不快速地下判断。耶鲁心理学家亚瑟·乔拉米卡利指出，“我发誓决不将人的行为贴上标签，将个人简化为抽象的概念”，这是运用同理解决情绪问题的最重要原则。

一个人缺乏同理心，甚至给人留下“独断、压迫”的感受，并不一定是因为他本性粗暴，而是对于大多数人而言，通过理论与标签化，便可轻易将对方的行为诠释为某种现象，然后就能简单地套用某种方法“正确地去应对”，尤其在管理过程中，这是处理问题最常见的做法。

然而，这样做只会严重地妨碍你去了解对方：当对方选择走上了一条与你

的认知不同的路时，到底是什么原因促使他这样做的？他真正想的是什么？他有什么样的感受？唯有先搞清楚他人在讲什么、在想什么，充分地了解了他的想法与感受以后，你才能做出对的结论。

● 倾听三要诀：先听完，抓住重点，再回应

所谓同理心，最常见的定义即“设身处地理解对方”，而落实这种“设身处地”的第一步就是“倾听”。至于如何做好倾听，你可以先以两个问题来进行一个简单的自我检查：“我是一位好的倾听者吗？”

◆ 我在与他人讲话时，是否会同时想着我等下要说什么？或是对方话还没说完，就急着打断与回答？

◆ 我是选择性地只听自己想听的话吗？

若你对上述两个问题的答案都是“是”，那么，你很可能不是一个很好的倾听者。

很多人在沟通时，往往只想着“强调自我立场”，一旦听到了不同的意见，便马上插话、回话，企图反驳、解释或者澄清，尤其是因为表现良好而成为管理者的高效能人士，更容易陷入“以自我为中心”的盲点，凡事以自己的经验出发，近乎固执地以为只有自己的方法才是对的。

然而，倾“听”的重点在于，你从对方的话语中听到了什么：他坐在你面前，他的声音你听到了，但是，你听到他的“需求”或“请求”了吗？还是你只是选择性地听到了你想听的、回应了你想回应的？

除了声音与内容以外，想要真正地听到一个人传达完整的讯息，更要在沟通过程中，学会用眼睛“看”着对方：以真诚、专心的眼神与对方展开交流，对方才能够感受到你的真诚与尊重。

此外，在聆听对方时，你周身都应保持专注的姿态，因为一个人包括手势、坐姿、身体位置、脸部表情等在内的肢体语言，也往往反映了自己是否真的在听。

一旦你全心全意带着同理心投入了倾听，你才能在与对方的情绪产生同理的同时又不受到影响，进而真正地进入对方的内心，并退一步，做出客观的评论。

若你目前连上述专注倾听的技巧都还没能做好，你最好先强迫自己练习“先听完、抓住重点、再回应”这三个要诀，给对方一个把话说完的机会，而不是一味地想把自己的观点套在对方身上。当然，这种事情往往很难一次到位，唯有在每次的沟通前、中、后进行持续的反思，看看自己到底哪里没做好，并一次一次地慢慢修正，才能够真正地做到“设身处地”。

- **换位思考三要件：不提问、不批评与指责、不给意见**

认真听，是为了理解对方，是为了“试穿他人的鞋子走路”，进而真正地做到“感同身受”：也只有做到了这一步，才能够真正地站在对方的角度上去思考，他为什么会这样说，他又会怎么想。

在换位思考、以求实现感同身受的过程中，最重要的就是学习“三不”：不提问、不批评与指责、不给意见。大部分高效能人士在与下属会谈时，往往会很快就落入“想要指导”的冲动之中，但是，如果对方并没有提出此类要求，你就算心中有想法，也要学习着不要去随随便便地打断对方的发言，因为对方并不仅仅是为了寻求协助而来的，他们更多的是想要寻求情感上的支持。

反之，若下属主动寻求你的协助，你就可以顺着对话与对方讨论解决方案，只是，务必要把握“设身处地”原则，真正地站在不同的立场及角度去理解对方看待事情的方式，从而避免用“由上而下”的姿态指挥对方。

在回答下属寻求建议时，你可以掌握3个要点，并以此来确认自己是否真的抓到了对方的需求。

◆ 简述语意：用精简的文字、摘要来重整对方所表达的内容。

◆ 情感回应：辨识对方的情绪，并以适当的词汇和程度加以表达。

◆ 尊重、真诚及开放：表达自己的意见、听见对方的意见、修正彼此的意见、协调出共同的意见。

万一对话内容中出现了情绪性的字眼，你应全力避免卷入对方的负面情绪旋涡中，因为一旦双方都变得激动，对话便很容易走偏，进而从问题讨论沦为人身攻击。

不过，若对方已沦入了不理性的状态中，你可以尝试着使用中性的字眼来同理对方的感受，并尝试着使用下述方法来引导对方的情绪：

◆ 说出对方的情绪，使对方感受到自己被理解。比如，“我听到你说……我知道这样让你很不舒服、很难受”。

◆ 从中寻找解决问题的切入点，并邀请对方一起找出解决方案。比如，“这件事情让我难过了很长时间，这段时间里我的确对你有一些情绪……不过，事后我静下来想了一下，其实，事情会演变成现在的样子，并不一定完全是谁的错，只是我们彼此都有不同的想法与做法而已……所以，我的想法是……那么，你的想法又是什么呢？”

如此一来，即使一时找不到合适的解决方法，你也可以用同理的态度，协助对方缓和负面情绪，重新找到有效沟通的联结点。

不过，用同理心去理解他人这件事情虽然容易理解，但落实起来并不简单：你必须将原先的认知放下来，先去聆听对方。这一过程中，你不仅会不习惯，甚至会充满了想要反驳、拍案而起的情绪。但是，只要你愿意多次尝试、每次反省，你便可带入以他人为中心的观点之中，而冲突就不会夸大，那些看似难解、阻碍你提升的困局也将不复存在。

2. 与对方保持情绪一致

“你永远没有耐心坐着听。”

“你总是只顾着解决问题。”

“你就是不明白，那天你说的话到底有多么伤人！”

“高高在上的你根本不理解我们基层员工的苦楚！”

此类话语，以及其他你能够在人际关系中无数次听到或者想到的批判，往往指向一个常见的问题：与对方缺乏同理心，进而无法保持情绪上的一致。

可以说，保持情绪上的一致是塑造同理心的前提，而同理心又是正常运作的人际关系的先决条件。特别是在职场这一专业场合中，感知他人的情绪，会促进彼此的信任，乃至沟通公开、真诚，并因此而赢得了自我竞争力上的提升：若你能够感受到他人的情绪，你就不会乱踩他人的地雷；若你可以感受得到他人的心理，你就会发现说服一个人最快的方式是什么。

当他人遭遇了不幸时，你很可能会急于提建议、安慰或者表达自己的态度与感受。其实，为了倾听他人，你需要先放下自己的想法与判断，来全心全意地体会对方——倾听他人，有助于增进对他人的理解与接纳。

- **将焦点放在他人的福利、利益与需求上**

与他人保持情绪一致其实有认知上的成分：你必须拥有某些知识，才能感受得到对方的情绪。一个人永远不会简单地感受到另一个人的情绪，而必须因为某件事情而与对方形成情绪一致。这件事情，就可以被称为情绪的“主题”。

情绪的主题一定是与目标的福利、利益与需求相关联的事件或者处境：

- 福利是指促进幸福（快乐、没有痛楚或苦难）；
- 利益是指认真持有的欲望、目标、生命计划、权利；
- 需求是指食物、衣装、安身之处。

非实体的需求，如爱、亲密、自由、友情、归属感，应被列入“利益”之列。

任何一个能够影响他人福利、利益与需求的事物，都可以归为情绪主题的相关内容。

因此，如果你知道被上司责骂是什么感觉，这一事实就是有关知识，也只有掌握了这一知识，你才能够懂得，那个被上司训斥后的同事为什么闷闷不乐。

- **暂停你经过考虑的分析或批判**

仅仅是说出自己的安慰之言，或是说一些有关“尽快恢复过来，继续坚持下去”的陈词滥调，根本不会让你接近目标的主观世界。你不会感受到痛楚或者苦难，也不会感受到对方肌肉紧绷时的状态。

如果你想体会这些感受，你就必须先摒弃自己的分析与批判，更不能如同拿到了任务一样，专注于解决对方的情绪问题——在这方面，同理心是反实际的。若你面对目标的时候只是一心想要解决问题，你便不会与他共同感受到问题的真正或者主观的感受，你会错过与他产生同样情绪的机会。

况且，正在承受苦痛的人甚至不需要听他们倾诉的人帮助解决任何的问题，至少眼下还不需要——他们可能只是希望有一个人能够知道他们的经历。因此，眼下你要做的是倾听，而解决问题可以等到你感受到了他的情绪，并与之建立了亲密的关系与信任以后再展开。

当然，这并不代表着你必须同意或者接受对方的观点或者价值评估。尽管如此，在感受对方情绪的过程中，你必须摒弃自己的评价、分析与评估，以便从主观角度看到对方的主观世界。

- **与对方建立起情感上的连接关系**

暂停价值判断，同时将自己置于对方的主观角度，是感受对方情绪的必要条件。这种心理上的做法被心理学家们称为“连接性的认识”：通过对方的眼睛，以他的观点看事物，你需要理解这一想法，并与产生这一想法的人感同身受，一同思想。

如此，你就必须费一些心思：别试着去评估自己所观察到的内容，而是去试着理解它。

哪怕你在感知的过程中产生了疑问，也不要自问：“这是对的吗？”而是要问：“它的意义是什么？”在向对方发问的过程中，你也要更谨慎：“你为什么这么想？”而其深层意思是：“你经历了什么，让你采取那种立场？”而不是以质疑的询问：“你有什么证据证明你的想法？”你寻找的是他的观点背后的故事，而不是与之就此观点展开辩论。

- **给他人积极的反馈**

在倾听他人的观察、感受、需要或请求以后，你可以主动地表达自己的理解。如果你已经准确地领会了对方的意思，你的反馈将帮助他意识到这一点。

反之，如果你的理解还不到位，对方也会有机会来纠正你。此外，这样做还有助于对方体会自己的状况，从而更深入地了解自己。

在体会他人情绪的过程中，如果你能使用疑问句来给予他人反馈的话，便能够极大地方便他人对你的理解做出必要的补充。你的问题可以集中于以下几个方面：

- 他人的观察："上周我参加了三个会议，你说的是这回事吗？"
- 他人的感受及需要："你很沮丧？现在，你需要得到肯定对吗？"
- 他人的请求："你是不是想请我帮助你寻找到完成工作必需的人脉资源？"

请注意：上述问题与以下问题相比，明显上面的问题更能够给出积极的反馈：

- "你说的到底是什么事？"
- "你现在心情怎么样？你为什么会有那样的感觉？"
- "你希望我怎么做？"

如果你未能了解对方的故事，就需要向目标发问一些可以促进说故事的问题。比如，利用开放式的问题，如：

- "你说自己是失败者，这是什么意思？"
- "你没有被邀请参加公司的优秀员工舞会，是不是可以对我说一下你的感受？"
- "你在告诉他你的感受时，他说了什么？"

这些说法不会批判或者挑战对方所声称的事情，相反，它会促使对方展开他的叙述，从而使你更好地理解他。

- **保持持续的关注**

在解决问题或者询问他人的请求之前，你应该为他们的充分表达创造条件。若你过早地提及对方的请求，你或许就无法传达他们的关心，甚至还会被看成在应付他们。

更重要的是，在对话刚刚开始时，人们所表达的感受往往是冰山一角，有很多相关的感受——通常是更加强烈的情感，并没有得到表达，倾听将为他们探究与表达内心深处的感受创造有利的条件。反之，若你急于了解他们的请求或者表达自己，就会妨碍这一过程。

假定一位同人向你抱怨："不知道怎么回事，不管我怎么说，我的下属都不愿意听我的。"这时，你可以表达自己的理解："听起来这让你很沮丧，你希望找到与下属更好沟通的方法，对吗？"

这样的回答往往能够鼓励对方去了解自己的感受与需求。如果你的理解是正确的，那么，对方一般就会开始表达其他的感受："或许这是我的错。我总是冲着他们大喊大叫。"作为听众，你可以继续体会他所表达的感受与需要，并及时地给予反馈。

- **当你痛苦得无法倾听**

你无法给他人你自己都没有的东西。有时候，你会发现，自己实在是没有心情去关心他人。一般来说，这反映了你也需要得到关心。如果告诉他人你正处于痛苦之中，无法顾及他人的感受与需要，并大声地提出了自己的烦恼时，他人很可能会对你伸出援手。

不过，在更多的时候，你需要去体贴自己。正如前联合国秘书长达克·汉马斯克德曾经说过的那样："你越是留意自我内心的声音，就越能听到他人的声音。"一旦你可以敏锐地察觉并照顾到自己的感受与需要，你就有能力去迅速地调整好自己的状态来倾听他人。因此，当你发现自己无力顾及他人的感受，且已经痛苦到无法倾听他人，那就给自己换一个环境来安抚自己吧！

当你利用这样的情绪来与自己的同事、下属展开交流时，他们肯定会对你的理解与支持抱以极深的认可与感动——这种来自人际的支持，恰恰是你提升职场竞争力的重要来源。

3. 微笑：最有优势的面部表情

美国最出色的推销员富兰克林·贝特格因为善于微笑而获益良多。他的经验告诉他：一个面带微笑的人将永远受欢迎，因此，每一次与他人见面以前，他总是会想象自己必须感激此人。通过这样的想法，总是能够最大限度上激发他的积极情感，进而使他可以带着微笑与对方交谈——在这样的积极情绪之中，对方也往往会被感染，而富兰克林的销售业绩因此一直遥遥领先于他人。

美国人际关系学家拿破仑·希尔如此总结微笑的力量："真诚的微笑，其效用如同神奇的按钮一般，可以立即接通他人友善的情感，因为它在告诉对方——我喜欢你，我愿意做你的朋友。同时，它也在说：我认为你也会喜欢我的。"

微笑是生活中最普遍的表情，同时也是职场上最受欢迎的表情。真诚的微笑可以在瞬间缩短你与他人之间的心理距离，没有什么东西可以比一个灿烂的微笑更能提升你的个人魅力、更能打动人心的了。

因此，在与人交往时，时刻保持微笑，就如同自己正在舞台上一样：微笑不仅可以给对方留下好的感受与印象，同时也可以大大增强你的情绪竞争力：他人会认为你是一个快乐的人，与你在一起，他们会感受到更多快乐的因素。长久如此，你的人际交往便会有意想不到的收获——这实在是一桩"一本万利的好生意"。

不过，并非所有的微笑都可以产生这样的效用：心理学家们证实，真心的微笑不会骗人，而且，人们对于这样的讯息也非常敏感，也做出相对的反应。但是，如果你的微笑不够真诚的话，他人便会很轻易地感受出来，并认为你在敷衍、搪塞他们。由此看来，使用真诚的微笑而非礼节性地敷衍微笑非常重要。

- **感受你面部的区别**

现在，找出你在被一些滑稽的东西逗得微笑起来，或者与亲近的人在一起聊天时微笑的照片吧！将你开心地微笑的照片，与你在职场上做出南瓜灯似的僵硬笑容的照片对比一下：你发现眼睛上的区别了吗？

真诚地微笑时，你的眼睛与嘴巴都是放松的，它们会非常自然而舒适。每一次你因为快乐或滑稽的事情微笑时，你的微笑都会表达出你的真实感受，你的眼睛与嘴唇会一起微笑：你的眼角会皱起，你的整张脸都在微笑。

将它与别人喊茄子时你的强颜欢笑对比一下你会发现，在保持那个表情几秒钟之后，你的面部肌肉就会开始疲劳。

• 练习真诚的微笑

你应该知道真诚的微笑看起来是什么样子的。现如今，科学家们已经找到了超过 50 种的微笑方式，研究发现最能够让人感觉到真诚的微笑是杜尼式微笑——笑起来时眯起眼睛。它显得更真诚的原因是，用眼睛微笑时，要用到的肌肉是无意识的，它们唯有在真正想笑的时候才会收缩，而不是"出于礼貌"的微笑。

在练习、模仿杜尼式微笑时，你可以试着通过轻轻眯眼睛来模仿这种笑容，此时，你的眼睛下面会出现小小的卧蚕。对着镜子试试：若你这样做时眼角出现了笑纹，那么你就做对了。一旦你学会了使用眼睛微笑的技巧，你甚至可以将僵硬的微笑变得漂亮起来。

因此，每一次你需要微笑的时候，不管是因为什么，都记住让自己眯一下眼睛——不要太过分，否则，你的表情就会扭曲起来。只要轻轻地眯下眼睛，就会出现可爱的小皱纹，同时在眯眼睛的时候与对方保持眼神上的接触——这样看起来或许有些狡猾，却可以让你赢得更多人的喜爱。

若你已经明确了用眼睛微笑时的感受，那就将它记住。同时练习着使用整张脸去自然地微笑——练习的技巧在这里格外重要：你练习得越多，你就会感觉越简单。

另外，你也要记住不用眼睛微笑时的感觉：一旦你发现那种假装的感觉开始控制你的面部时，你要及时地调整你的笑容，以使它变得更加真诚。

• 保持恰当的心境

真诚的微笑来源于真实的快乐，至于人们为什么会快乐，这与物质条件关系并不大，而是取决于你如何看待人生。换句话来说，若你变得积极，那么，你每天都会露出真诚的笑容。

找到让你开心的地方。如果你处于让你不快乐的环境中，但是又不想表露出来，那么你就得找到能让你开心的地方。想一些能让你开心地跳起来的事情，那些肯定能让你微笑的事情。

这项练习有助于你想起哪些事“真的”能让你开心。对着镜子，把你眼睛以下的部位用纸巾之类的东西遮住。然后开始想象或者大声说出你最快乐的回忆，同时微笑。你会发现在某些时候，你的眼睛会“皱起来”，边缘出现“笑纹”。这就是杜尼式微笑！最接近真诚微笑的方式就是想一想自己最快乐的回忆，让你的脸去完成剩下的工作吧。

- **更自然、更自信地去微笑**

若你一心只是想着自己的牙齿是否光洁整齐、口气是否清新、牙龈是否突出，或者真诚的微笑会不会让自己的鱼尾纹显得很深一类的问题，那么，你就在潜意识中扼杀了自己的微笑，因为你在微笑的当下只顾及了自己的缺点。忘记那些让你分心的事情，你的微笑会变得更明亮、更真诚。

当然，如果你注意平日里将自己的牙齿刷白、经常预防口臭，这样就轻松地解决了两件让你担心的事情。平日里保养一下眼睛、修一修眉毛，都会让你的眼睛更突出。

同时，在事情发生的当下，你应顺其自然，不要总是想着自己应不应该微笑这件事。真诚看着对方的眼睛，如果你真的很开心见到这个人，他们说了让你开心的话，那么你自然会微笑起来。若你感到紧张，不知道如何与对方相处，那么这也会在你的笑容里泄露出来——与其担心自我表情，不如更自然地表达自己。

- **在交谈时注意观察对方的笑容**

对方是在用他的眼睛微笑吗？若你在他人脸上看到了杜尼式微笑，而你通过自己的感觉、自己所学习的知识知道那是真诚的，你就会更放松地与对方交谈。

另外，若对方的笑容很假，那你多半是无法真诚地微笑起来的。若你想要显得真诚，就必须自己想象一些快乐的事情，或者，至少记得眯起眼睛来。

4. 不满情绪需要正确的表达

你发现有位同事在办公室里散播有关你的不实信息，惊讶不已的你除了诧异信息的内容之离奇以外，还感觉难受极了，此时，你会告诉对方你的不满以及你的感受吗？

如果这个对象换成了你的上司／老板，你的决定是否会有所不同？

影响你个人竞争力的，不仅仅有工作上的个人能力，更有情绪能力：相信久经职场的你早已观察到了，“气在我心口难开”的状况，在工作场合中其实屡见不鲜。那么，在工作中，你是否应该表达自己的情绪？

有些人并不认可“表达不满”这一说法。在他们看来，工作只是为了达成目标，而不是来做情绪交流的，因此，优秀的工作者当然不应该将内心的情绪表露出来。唯有将情绪完全地抛在一边，才能够理智地完成任务。更何况，若是表达了某些如沮丧、生气一类的负面情绪，不仅会伤害到自己与他人的关系，同时更会让自己显得脆弱不堪，反而会造成更大的麻烦。

的确，这些考虑都很有道理：不当的情绪表达往往后患无穷。然而，不管是工作还是管理，其实是在不断地解决问题；要解决问题，首先要解决心情，因此，职场上的优秀者并非不带情绪的木头人，而是善用情绪去达成目标的聪明人。

另外，一味地压抑负面情绪不仅对健康无益，你也往往会因为耗费了过多的心力在掩饰自我真实感受上，而损害正常的工作表现。在这个讲求团队精神的年代里，表达情绪可以增加“自我表露”的能力，进而促进相互了解：在培养起相知相惜的团队凝聚力后，工作效率自然也会相对提升。

再者，情绪表达并不等于情绪宣泄：那种把心中的情绪、感觉一股脑儿地宣泄出来的做法无疑是愚蠢的。恰当的表达其实是一个细致而理智的过程，它与粗糙的情绪宣泄是大相径庭的。不过，想要获得恰当的情绪表达能力，你需要从了解自我情绪开始做起。

- **了解自己的情绪**

你需要了解自己当下的情绪，将心中那份模糊但又澎湃的能量转化成具体的感觉，究竟我的“难受”是生气、失望、伤心还是压力大？

有时候你会发现，认知自我情绪有一定的困难，这是源于我们对情绪的区分仅为较笼统的喜怒哀惧，而没有更多贴切的描述性词语，因此，你需要学习更加广泛的情绪词汇，让你的情绪“立体现形”。

你可以多读以下表格中描写情绪的细致词汇，培养你对描述自我情绪的敏感性，从而使自己的情绪辨识度更高。

细分各类情绪，选出对你的情绪描述得最贴切的：	
恐惧	担心、焦虑、窘迫、急躁、心惊肉跳、神经质、恐慌、紧张、担心、忧虑、惊恐、不安
困惑	迷惘、不确定、茫然、迷惑、不知所措、混乱、模糊、不知道
生气	恼怒、情绪激动、烦恼、破坏性、厌恶、嫉妒、沮丧、激怒、发牢骚、粗暴、狂怒
悲伤	疏离感、痛苦、绝望、失望、忧愁、伤心、不安全感、孤独、痛苦、不开心、拒绝
羞愧	内疚、尴尬、羞辱、遗憾、悔恨、屈辱
爱	喜爱、激励、吸引、关怀、同情、渴望、爱好、痴情、友善、喜欢、向往、温暖、同情、感伤
喜悦	乐趣、狂喜、知足、热切、得意、热情、愉快、兴奋、高兴、希望、乐观、愉悦、满意

你可以多读几遍，将其中可以更好描述你体验到的情绪挑出来。不过，这不是一蹴而就的事情，你需要不断地体验、不断地修正，使自己越来越了解与贴近自我情绪。

待认清自己的情绪以后，你可以做进一步的分析：

- “我为什么有如此的感觉？”
- “发生了什么事造成我现在的感觉？”

● **决定是否应该向对方表明**

在决定向对方说明以前，你需要谨慎地思考，眼下自己的情绪是否适合表达不满。在这个步骤中，你需要考虑的因素包括：

◆ 对方的特质

①他的个性是否能够接受你的不满？非常固执、极度自信的人显然不适合向他们直白地表明你的不满。

②他目前处于怎样的压力状况下？一个压力大到快要崩溃的同事是绝对不会再愿意听到任何对他有“不满”嫌疑的对话的。

③是否适合在这个时间点去沟通？大庭广众之下，你跑去向他人表达不满，明显不恰当。

④对方的角色是否适合接受你的情绪表达？举例来说，若对方是客户，你跑去进行愤怒的控诉，恐怕只会贻笑大方。

◆ 你想要达成的目标

想想看在开口表白情绪以后，你希望可以达成什么样的目的呢？是希望对方可以更尊重、更负责尽职，还是只是因为有不吐不快的情绪在，并因此而想要教训对方？

◆ 达成目标的可能性

知悉自己期望达成的目标是什么以后，请衡量一下状况。想一下：真情告白是否是最有效达成目标的方法？是否有其他更有效率的做法（比如，通过第三者，或者等到更合适的时机再说）？如果发觉自己只是单纯地想要宣泄不满情绪的话，那么，最好别向对方开口，找个好友诉苦是最好的做法。

● **决定情绪表达的具体方式**

如果你考虑以后决定要告诉对方你的感觉，那么，接下来你就应该思索最佳的表达方式。

你先考虑“效率”的因素：沟通时，应该选哪个途径，是电子邮件、电话还是面对面地交谈？什么时候最好，是上班时还是下班后？

● **进行完整的情绪表达**

当到了真正要表达不满的时候，你需要明确以下几个要素：

◆ 选择运用精确的情绪形容词

比如，你说“我感觉很糟糕”就不是一个明确的情绪形容词，但是，若改为“我为此感到失望”“这真的很让我生气”，就能够更精确地使人意识到你的情绪变化了。

◆ 说明原因

千万别忘记要明确说明导致这份情绪的缘由，以此来促进对方了解你的情绪与他之间的因果关联，并要尽量避免被认为是在无的放矢。

比如，“我很生气你竟然这样对我！”这样的表达方式因果关系就不够清楚，但是若换成“我发现你与别人说了有关我的不实信息，这让我感觉到很生气”，如此表达，沟通起来就会更清楚。

◆ 局限情绪的时间点

你应该了解的是，情绪状态是会改变的，并会局限于某个情绪影响的时间点。所以，“我很愤怒你竟然乱说话”这种说法，就忽略了时间点，而“当我发现你告诉别人有关我的错误信息时，我当时感觉很生气”，就聪明地局限了时间点。

◆ 为自己的情绪负起责任

沟通高手从来不会说“你让我生气”一类的话语，因为这样说是在推卸责任，将对方当成自己情绪问题的症结。这样做既不能解决问题，又很容易引发对方的反感或压力，进而引发更大的冲突。最恰当的说法，是将自己当成情绪的主语：“我感觉很生气”“我有种沮丧的感觉”。

◆ 绝不进行评论式的人身攻击

哪怕对方真的说了你的不实信息，“你恶意中伤我”这种评价也会激起对方的反抗，因此，你应该只进行中性的行为描述：“你告诉了同事一些有关于我的错误信息。”如此一来，既可清楚地表达自己，又可避免激怒对方，进而圆满地达成了此次情绪表白的最终目的。

学会了优雅的情绪表白，你会发现，其实不满情绪没有那么可怕，而解决了情绪困扰，它将再也不是工作上的难题了。

5. 强化 Y 理论，拥有更多主动权

公司的董事会议上，针对来年要实施的重要工程的方案 A 与方案 B，大家七嘴八舌，各自提出自己的主张。

负责执行方案的吴昊，心中迟迟拿不定主意，在他看来，两个方案其实都不完美，因为它们的设计都有问题。虽然心中有疑虑，他却并未真正地说出来：自己的想法真的正确吗？

处于这种犹豫的情绪之中，吴昊自然有些拿不定主意，因此，每当支持 A 方案的同事拿出了过硬的意见时，吴昊就倾向采取 A 方案；当支持 B 方案的同事提出了更有力的辩驳时，吴昊就会跟着怀疑起另一方案的可行性。

“我觉得，A 方案可能有个问题，就是……不要比较好吧……”吴昊犹豫的发言让隔壁的同事听到了。他立即笑了一声。这个听起来好像嘲笑的声音让吴昊越来越没有信心说出反对意见。在接下来的会议中，他的话都还没说完，就马上被同事们打断。

最后，董事长下了定论：“你两个方案都做做看好了。这样吧，下星期就做好给大家看。”

愣住的吴昊，不知道该怎么办，连回嘴的余地都没有了。

美国心理学家道格拉斯·麦格雷戈的研究认为，吴昊所表现出来的消极导向——只希望他人帮助自己做决定——是 X 理论中的典型表现。

在 1966 年，道格拉斯正式提出了 X 理论和 Y 理论：相对于消极被动的 X 理论，Y 理论认为，人们拥有积极的自我督导意识与能力，并希望可以自己做决定。在职场中，若你是 Y 理论的沿袭者，那么，很明显你会更有积极性与竞争力：Y 理论的代表人格拥有对事物的主导权，且常常处于积极自信的情绪

中；若经常自我怀疑或缺乏自信，便很容易成为X理论下的被动人格。

在表达拒绝、不满的过程中，你必须首先对自己拥有充分的认知，在沟通时展现出自信，积极地应对。若你在沟通中缺乏自信，则会显出一种刻意中立的样貌，这会使你看起来毫无主张或见地，此时，你的影响力是最低的——你在暗示对方：“你可以控制我/操纵我，帮助我下决定！”这时，个人就会成为被支配的X理论实践者：易被对方说服，无法成功地拒绝他人。

其实，身为高效能人士，你肯定早已知悉：人能够通过自我行为举止告诉对方，你是希望对方如何跟你相处、如何对待自己。如果一个人总是在与某人交往的过程中表现出畏缩、缺乏自信的样貌，甚至企图讨好对方，那么，他人自然会认为这是你期待的相处之道，进而形成不对等的关系。因此，只要改变自我，便可以改变别人对待我们的方式。从这一意义上来说，拥有自主性就是拥有影响力：你才是自己的主人，你有权利更有能力告诉别人他应该怎样与你相处。

此时，时时巩固内心自信，才不会陷入无法拒绝的泥淖之中。

- **由内而外找到自信，创造主导式影响力**

有自主性的人，会尽可能地将自我关心的重点放在自我影响力可及的范围内；相反，易受他人影响的人，往往会将焦点放在他人的眼光、行为无法掌握之地，将自己交给他人评价，使影响范围渐渐缩小，进而产生无力感。

其实，成功学大师史蒂芬·柯维就曾经提出过类似的概念，不过，他是以“关注圈”与“影响圈”来解释的：若人只关心自己的关注圈，便会认为自己是大环境下的受害者，进而被动地受他人行为的牵制；若可以培养自己的影响圈，以积极主动的方式思考，由认为“我的处境是外界造成的，我根本无法改变”（只关心自己的关注圈），转换成“我的处境是自己抉择的结果，我可以创造出自己想要的”（开始培养自己的影响圈），就能主动地做出改变。

在这一过程中，不管是“拒绝”还是“接受”，都是你自己的选择，你可以主导自己的影响力，而不仅是关注别人帮你设定好的圈圈。

其实，自主性如同挑食一般：很多人感觉“之前没有做过，因此不敢尝试”。但事实上，只要你拥有自主判断的能力，便可产生积极主动的信心，进而展开更有建设性的相处模式。值得注意的是，由于影响圈并非万灵丹，因此，你应拥有看清自己努力到何种程度、超出哪种程度就要放弃的能力——这也是拒绝力的一个重要组成部分。

- **找出自己比对方好的优点，从而增强自我自信气势**

如果你感觉自己在对方面前没有自信的话，那么，你应从播种内心的自信种子开始，建立起表达拒绝的自信。拿吴昊的故事为例，他因为被同事笑话，进而影响了自己对事情的态度，最后自动地认为自己的想法一定是错的——这种现象在心理学上被称为“关联法则”：个人由于某种情况受到挫折，此后，不管再发生怎样的事情，都容易再陷入负面想法中，进而形成“负面连锁反应”。“负面连锁反应”的最可怕之处就在于，一旦陷入，就难以恢复自信。

1 次不拒绝、2 次不拒绝、3 次、4 次……拒绝他人的自信不足时，便会陷入无止境的“循环答应”，这其实是一种气势不足的负面连锁反应。面对这种情况，“感受小胜利”的自信增强法是一个不错的选择。

当遇到地位比自己更高、说话比自己更强势的对象时，一般人心中不免认为：“天啊，对方好有威严”“顾客要选择别的厂商了”“那位资深同事好像很厉害。”在这种想法中，因为个人只看见对方的优点，觉得自己一无是处，信心自然慢慢流失。

其实，你可以试着在心中找出对方的弱点，同时加强自己的长处，进一步增强自我信心。在这一过程中，不管是多小的事情，只要可以增强你的自信，你都可以拿来运用，如：“头发那么少，还是我的比较多”“态度那么骄傲，看来还是我比较谦和”。

借由着这种看似微末的胜利感，将内心的自卑感逐渐消除，并进而寻找更多的胜利感，相信“在某个地方我一定赢他”——只要重复三次，在心中找出三个比对方好的优点，便一定可以产生一股自信的气势，使自我紧张情绪变得放松起来，进而不再受对方压制。此时，要说出拒绝的话语便非难事。

- **10 个强化性练习，建立起绝对的自信**

与人沟通、交流时，不管对象是谁，在何时何地，只要你谨记自己拥有以下 10 项权利，你便可以更加自信地说出自我主张。

- 我是独立自主的个体，拥有配合自我情况决定优先顺序的权利；
- 我是聪明又有能力的个体，拥有别人以尊重的态度跟我相处的权利；
- 我拥有用言语来表达自己心情的权利；
- 我拥有说明自己意见和价值观的权利；
- 我拥有自己说“是”或“不”的权利；
- 我拥有犯错的权利；
- 我拥有改变想法或心情的权利；
- 我拥有追求自己想要的东西、做自己想做的事情的权利；
- 我拥有不需要将别人的烦恼全揽在自己身上的权利；
- 我拥有不需要仰赖别人认同的权利。

当你能够依据上述提示在工作中掌握更多的主导权后，你会发现，自己将时间与精力更多地集中在了自己应该关注的事情上。随着成功做成的事情越来越多，你的竞争优势也将越来越明显。

6. 扭转情绪迷思，坦白拒绝也能维持好关系

如果你拼尽努力获得的“高效能”评价反过来成为你的负担，你会如何应对？想一下这样的情景：

你永远是最晚离开办公室的人，你的脾气很好，这让你获得了好人缘，再加上你的工作效率很高，早早就将自己的工作完成了，因此，每天至少有3个人来请你帮忙。帮忙的内容包罗万象：从帮忙制作PPT，担任团购活动的组织者，到替同事审核报表中的数字，再到决定晚上聚餐的时间、地点……反正只要有事，你从来不拒绝。

也恰恰是因为一件又一件本不属于你的事情被压在了你的身上，等到你真正做到“今日事、今日毕”的效能原则时，窗外总是天色已晚。

你为什么要这么辛苦地去做？

你的原因很简单："我不想让同事感觉我因为工作效率高而太傲慢，我说不出口。"

"如果拒绝的话，很可能会伤害到我与对方多年的同事之谊，万一他之后不理我了怎么办？"

"他是我的上司，怎么能轻易拒绝？上司让我做什么，我就做什么，这样总是不会出错的。"

每一次望着早已空无一人的办公室，这些想法总是会在原本已被累到消极的你心中跑一遍，令你打消了"明天一定要拒绝"的念头。

德国社会心理学家苏珊·纽曼指出，人们对于"不"字的负面感观，其实早在童年时便已经开始萌芽。比如，当你两岁时，若因为不愿意分享自己的玩具给其他的孩子，而大胆地说出"不要"，父母的责骂便会接踵而来，没有礼貌、不懂事等负面评价更是会一再提出。

类似的经验往往会在日后的人生中重复出现，在进入职场以后，受到"从众效应"的影响，我们往往会选择顺应绝大多数人的意见，同时也会产生以下"先入为主"的观念：

- 不可以拒绝；
- 希望能够被所有人喜欢。

想要摆脱这种观念非常不容易，由于长时间在无形中养成了扭曲的认知，因此，大多数人对"不"所造成的负面感觉越来越深，并会打心底认为："不"真是个危险的字。

●"来者不拒"有什么好处？

出于人类趋利的本质，你之所以采取"不拒绝"策略，肯定有什么好处，或者所谓的回报，才会答应别人。在职场上，由于你的高效能，进而成为他人依赖的对象，并听到诸如"你帮了我大忙""真是谢谢你""你真是太可靠了！"等宛如魔法般美好的外部评价，的确会感受到自己被肯定的美好，而自我实现的欲望也可以得到满足。

问题在于，若带来这些评价的工作并不能使你迈向更出色的未来的话，又该怎么办呢？特别是当你处于管理职位时，你的团队更有可能因你的“可靠”而受累：他人很可能将他们的分内工作交代给你的团队，或者干脆让你们去干一些很难获得正确评价的打杂工作——这样一来，你不仅耽误了自己，也会惹来下属们的不满。

一旦我们太过依赖旁人的评价，就会陷入“被依赖的陷阱”。因为感觉不到自己的成长，更得不到外界的评价，于是只能更紧抓他人的评价不放——如何才能逃离这种对自我成长益处不多的工作？

- **消除说“不”会破坏关系的迷思，远离“好人症候群”**

存在诸多错误认知，是你不敢拒绝的关键。一旦你了解并掌握了自己的情绪反应，你就可以不轻易受到他人的影响，从而破除迷思，重新成长为有自主性的个体。

在心理学中有“拒绝敏感度”这一概念，持有此思维的人会对人际关系抱持着一种随时会被拒绝的焦虑感，并认为关系很容易因为任何拒绝就结束，从而导致与人相处时会束手束脚，制造出一种人际互动间的紧张，如此反而会伤害到原本坚强而正面的关系，并真的令双方的关系陷于崩坏。

其实，理性来看待的话，你就会发现，“讨厌”是一种主观的情绪，即使你凡事答应对方，对方依然可能讨厌你，这与你接受或拒绝他的要求无关——这一事实看似残酷，却是人际交往间的事实。若你因为害怕被讨厌而不敢主张意见、拒绝他人，那么，最后只会使自己养成附和他人、规避风险之恶习。

一旦你习惯了永远都承受他人要求，且不采取任何积极反应时，他人便会误以为你真心地接受，对方非但不会领情，反而会变本加厉，使不合理的要求逐渐合理化。因此，要避免不合理的对待，你就必须有所设限，先有个性与底线，才会催生出有魅力的性格——若你自己都不清楚自己的底线在何处，只会成为他人眼中没有原则的滥好人，那么你也并不会因此而获得他人的喜爱或尊重。

- **远离情感罪恶，让交情以信任为基础**

有些高效能人士则会寻找各式借口，告诉自己不该拒绝，同时想尽一切办法将心中的不适感合理化。比如，因为他之前也帮助过我，若我说“不”，便会伤害到对方——有如此的想法追根究底，不愿拒绝的根源还是在于自己：你不想被认为配合度低、不愿留下坏印象，甚至害怕自己最后受伤害，所以不愿意拒绝。

但真相是，他人并没有你以为的如此在意：虽然对方或许帮助过你很多，但这件事情与那些事情毫无关系，而你拒绝的理由也并非针对个人，只要能与他维持良好的关系便已足够。真正以信任为基础的关系，对方绝对可以理解你的拒绝，若因此而失去了关系，则说明你们之间关系的基础太过薄弱，放弃也罢。

因此，不要因为拒绝他人而升起罪恶感，要知道，必要的拒绝可以替对方节省更多的时间，促使他找到更适合、更正确的解决方法：只要你保持自己的思想与原则，在行动上成为一个值得信赖的人，自然可以回避不必要的伤害。

- **缩减权力差距，与对方保持对等关系**

心理上的对等是拒绝的前提，即使买卖双方、上司与部属、老员工与新员工，都只有立场与角色的差异，而不存在绝对的尊卑关系。可一旦涉及了拒绝，人便很容易产生错误的认知：坚持主张者高高在上，被要求者低低在下。

如果你想与对方保持对等的关系，你就必须理解：唯有你自己可以对自己负责。同时，借着思考拒绝的过程，你也可以判断自己能够承受多少风险与责任。真正对责任有自觉的人不会感觉到愧疚，反而能够因为了解了自身的能力而敢于拒绝。

事实上，哪怕你的效能再高，你也终归是能力有限的平凡人，对方并无权对你苛责。比起无谓的接受，适度地依据自身的能力来拒绝，才能够真正地赢得他人的长期信息。

7. 警惕：权力会造成特定的情绪流向

越来越多的高效能人士感觉带团队远比自己工作更困难，而且，越难越容易急躁，越急躁团队就越差——面对这样一个令人无奈的恶性循环，很多高效能人士都会非常着急：他们并不想通过生气来管理，但有些时候，管理过程中往往会冒出“无名之火”，从而使他们陷入被动的管理状态中。

你可能未曾注意到，情绪——特别是负面情绪会在组织内形成一种自动的传递机制：人的愤怒与不满情绪，往往会沿着社会关系链条，由强到弱依次传递，从金字塔尖一直传递到金字塔底层，而处于最底层的个体，往往会因为无处发泄而成为最终的受害者，进而使其行为受到影响。

日常管理中，高效能人士在受到来自内外各个方面的影响时，往往会将负面情绪带入日常管理工作中，带来的后果就是造成了日常管理的混乱与效率低下，如此一来，不仅影响与阻碍了日常工作的顺利展开，同时也会影响团队士气与凝聚力。

事实上，每当我们陷入消极情绪中时——不管是愤怒、焦虑还是不安——都是我们的想法使然：是我们关于某一情况的观念与想法使我们产生了这种情绪，也就是说，我们的情绪主要取决于我们的具体想法。

由我们之前提到的情绪“ABC”理论可知，情景引发了我们的想法，想法又进一步激发了我们的情绪与行动，那么，情绪和行动之间又是怎样的关系呢？

有心理学家指出，情绪是行动的信号，即我们会根据自我情绪来做出行为的反应。比如，当我们生别人的气时，往往会采取责备别人的行为；当我们情绪低落时，往往会找朋友倾诉，或者独自借酒浇愁等。

既然个人想法与观念是影响个人情绪的关键，那么，在团队管理的过程中，想要更好地调整情绪，我们就必须了解我们想法中的一些特点，尤其是那些常常会让我们陷入消极情绪的特点。

- **过分急于“下判断”与“找原因”，会让自己陷入消极情绪**

急于“下判断”与“找原因”，这一认知特点源于人类的进化过程。对于眼前的情景，人们认知的第一反应往往是“下判断”，即这个事情对我是好还是坏。这一步可以帮助我们找到对方这样做的目的与动机，同时也帮助我们判断，下一步要如何对待对方：是与对方一起合作摆脱困境，还是与对方对抗到底。

但是，若高效能人士急于“下判断”“找原因”的话，便很容易使自己陷入消极的情绪中，而且可能做出不恰当的管理行为，从而破坏团队和谐。

比如，你给下属布置了一项工作任务，并详细地给下属讲解了要如何完成工作，同时也分解了整项任务的阶段性节点。结果，到了第一个阶段性节点时，下属跑来告诉你，他还没有完成。

面对这种情况，你往往会先“下判断”：“不好，项目要延期完成了！”紧接着“找原因”（至少在心里想）：“这工作你是怎么做的？做不完也不提前沟通，拖到最后一刻，肯定工作不用心！”

有了这样的认知，你肯定会气不打一处来，在消极情绪产生的情况下，你自然难对下属有好感，甚至会就此教训对方。这样一来，你不仅将自己的心情搞得很差，同时还影响了你们双方的关系，而事情也没有得到解决。

- **下判断时，“以偏概全”，让自己陷入消极情绪**

“以偏概全”是指，人们往往会基于自己了解到的部分事情或者事物的局部特征快速地做出判断，特别是对于看似会引发不良后果的情形，更容易引起生气、对抗等消极情绪反应。

拿刚刚布置工作任务的例子来说：你之所以生气、责备员工，都是基于自己看到的部分事实（在约定的时间内，员工未完成任务），并快速地做出了判断（员工工作不用心）。但当你大发雷霆以后，员工却很有可能会委屈地告诉你，当时商议工作的具体安排时，你答应给他提供一些报告数据，有了这些数据，员工才能够完成任务。结果，一拖这么多天，你一直没有给员工提供，平日你就脾气大，因此员工也不敢问。

此时，你估计会感觉很尴尬：自己本不应发这么大的火，以至于双方都心情不好，而且，其实问题是出在了自己的身上。

在未能分析与了解事情全貌的情况下，就“以偏概全”地做出了判断，进而采取了责备员工等行动，结果得到了不好的结果：被冤枉的员工对你产生了抵触情绪，而你接下来还要想着如何才能安抚员工的情绪，同时又让他自愿地加班将工作搞定。

经常性地“以偏概全”，不仅会将自己带入消极情绪，而且还很有可能会将事情搞砸，使自己付出更大的代价。

• 找原因时，“基本归因错误”会让你陷入消极情绪

心理学将“找原因”称为“归因理论”：人们总是认为他人的所作所为都是因为他们的动机、态度与性格所致。在给员工安排工作的例子中，身为管理者的你将员工未完成工作的原因归结于员工工作不用心（个性原因：工作态度不端正）。而这样的例子在现实管理中还有很多。比如，员工连续迟到两天，你就很容易认为对方工作懒散。一想到这些，你自然会很生气。

通过上述分析后，你肯定已经知道自己为什么那么容易对员工生气了。知道了情绪的来源以后，你就有方法来更好地处理自己的情绪。

• 不要着急，先试着去质疑自己的“下判断”和“找原因”

“下判断”和“找原因”往往是一种下意识的反应，如果你已经习惯了这种下意识反应的话，你现在要做的，就是不要将自己的这些想法当成板上钉钉的事实，而是要学会质疑自己的“下判断”和“找原因”——只要不将它们当成已经确定的事实，它们便不会强烈地影响到我们的情绪。

比如，在你面对员工的延误而生起“整个项目要延误”的判断与“工作不用心”的原因时，先不要急着去发火，而是学会质疑自己的判断：“我是不是太快下结论了？”进而质疑归因：“他真的是不用心吗？还是出于其他原因？要知道，手头资源不足、工作量过大，都有可能造成员工没办法按时完成工作。”

通过这种自我提示，你就可以让自己先冷静下来，了解具体的实际情况，而不是单纯地对员工发火、生气。如此一来，问题便可得到更好的解决，而你们之间的上下级关系也将更和谐。

5

第五章

引导情绪走向，持续强化个人影响力

真正的成功者往往拥有极强的个人影响力，也恰恰是因为拥有了这样的影响力，所以他人愿意与其配合，从而使效率倍增。在正式权力不够，或者沟通对象权力比自己大时，如何运用自己的情绪来得到他人的帮助，以顺利地完成工作？这就需要你掌握恰当的情绪能量传递技巧。

1. 真相：影响力就是在传递自信心

受当下心灵鸡汤书籍的影响，很多人在说话时，往往会尽量避免提到“我”，因为心灵鸡汤中告诉他们：以询问的方式来征求他人的意见，会获得更多的尊重。但事实却并非如此：现实生活中，那些敢于表达自我意见的人往往更少沦为他人成功的基石，相反他们更多地拥有自己的支持者，而且他们多会借助于自己的“敢于表达”而获得他人的认可。

“我”这个字眼并不会让你自己显得过于自负或者自我，而那些不是问题的问题，却会让你添加几分软弱无力之感。

女孩对男孩说：“你能不能考虑一下，下周五陪我一起出去玩？”

父母对孩子说：“你能不能在看电视以前，先把作业写完？”

上司对下属说：“你不觉得如果你这样做，效果会更好吗？”

在这些问句中，说话者最大的缺点就在于，他们将自己的意思渗透到了问句之中，将那些原本并不需要提问的话题，变成了具有议价空间的议题，社会专家们将这类谈话称为“开后门”式谈话。随着心灵鸡汤类书籍的泛滥，此类谈话技巧早已成了“烂大街”式无用而华丽的空架子，更重要的是，它极有可能造成他人对你进一步的戒备。

美国著名谈话专家约翰·温莎曾在自己的博客中提到这样一件事：她的一位客户向她询问，为什么当下自己在下属心目中的影响力大大下降了。

温莎请她重复了一下这段时间的场景，结果发现，这位一贯强硬、个性要强的高层女主管为了增加自己的亲和力，竟然接受了一位健身专家的建议：以“询问”的方式代替命令。

于是，接下来的几个星期时间里，这位女主管尽量将自己的命令都以“询问”的方式传达了下去，她最常见的句式就是“是的，但是你不感觉……”，可这非但没有给她带来任何的好处，反而让她陷入了困境之中——下属们对她的评价从“过分强硬但可以信赖”改成了“老于世故，消极挑衅”。

人们从那并不真诚的话语中听出了虚伪，并认为，女高管并非真正地在关心别人到底想说什么，而她所谓的“询问”也只不过是一个虚伪的幌子，目的就是要将别人的思路带到自己的观点中去，因为那些问句明明就已经明确地表达了她的观点。

“询问”式的句式，不仅会损害你的影响力，同时也会使他人不愿意再信任你。

如果你能够注意到的话，你会发现，在加上了“我”这一字眼以后，信息的表达变得直截了当而又毫无歧义：

“下周五我希望你能交上这份工作。”

“我希望你能快速与对方建立起合作关系。”

“我建议你这样做，这样客户会更认可。”

这样说，并不代表着双方的谈话将无法进行下去，相反，这样不仅能够将你的感受准确而清晰地表达出来，同时还将你放在了有利的位置上，使他人能够清晰地看到你的立场——它是期望被尊重、被重视的。

当然，这并不意味着，询问他人在塑造个人影响力的过程中是无关紧要的，而且，使用“我”式表达时，你也更需要有技巧一些。

- **注意：问句不能是万能贴纸**

在塑造自我影响力的过程中，你必须注意一项内容：只有当你需要从他人那里获得信息的时候，你才应该使用问句的形式。比如，你可以询问你的朋友：“今天晚上你有空吗？”你可以询问你的下属：“你的工作进行到哪一个阶段了？”

如果你只是想要表达自己的观点的话，那么，你应完全地使用陈述句，“我期望今天晚上你和我一起吃饭”“我希望你的进度再快一些”。

事实上，那些不自信、拥有较少影响力、容易被人操纵的人在生活中往往使用了疑问句，而不是肯定句。如果你认为自己的影响力较弱的话，那么，你就应该更确定一些，有意识地将自己的问句式表达转变成“我”式的主观表达。

- **学会表达自己的观点**

有影响力的人从来不会畏惧表达自己的观点、要求与感受。当你能够将自己的观点以肯定的方式表达出来时，你往往能够大声而清楚地使他人意识到你的存在，而且，只要你的策略恰当，别人就不会认为你过于自我、过于固执。

如果你表达的观点的确与他人不一样，但你又希望对方能接受你的观点的话，最好的办法就是按这样的顺序将自己的观点理清楚：

- 我的观点是什么？
- 为什么我会这样想？
- 我有什么样的证据？
- 然后，再按以下顺序将这一观点说出来：

  我的证据是……

  它表明的是……

  所以我认为……

当然，你不必说得如此生硬，最好的办法就是，简单而明了地将自己的证据表述出来以后再表达观点。在这种情况下，因为有理有据，所以对方也会更容易接受你的观点。

在思考与说理之间，如果你能够添加以下缓冲句式，那么，对方很可能会更清晰地看到你的想法，同时你也向对方表达了自己对他的重视。

◆ 我了解你的意思是……

◆ 我欣赏你的观点……

在这种认可中再转述到自我观点时，最应该避免出现的，是“但是”式转折——一旦出现“但是”，对方马上就会意识到，你正在反对他，而这种反对则会激发起本能的防御状态。

引发敌意的危险语句	替换语句
是的，但是……	是的，并且……
问题	挑战
对于这，我感觉有问题……	我有些担心……
我不同意，除非……	如果……我会答应的
然而……	还有……

● **警惕！谨慎使用“我们”式句式**

领袖、专家与权威人物在表达意见时，往往会使用“我们”式表达，因此，有些普通人在想要提升自我影响力时，也往往会借助这一句式——但这种出发点本身就是错误的：成功人士本身就已经与目标对话人群建立起了亲密的关系，而你正处于筹建关系的过程中，如何能使用“我们”？

千万不要将自己拔高到“我们”的高度上，否则，对方一句“你们是谁”便能打败你的自尊心——除非你真的是在代表很多人发表观点，如果不是的话，请老老实实地回归“我”而不是滥用“我们”。

● **循序渐进，不要企图一下子达到目标**

不管是何种对话，都是一种过程性的说服，为了使对方放弃自己原本的主张或观点，朝着你的目标靠拢，你必须采取一系列的步骤。

如果你在教育不爱打扫的孩子时，企图让他一下子就建立起打扫的意识，我们只能说，这种期望在开始时显得过大；如果你无法肯定对方的感受，或者表达你在这件事情上的感受，那么，他们永远不会知道自己为什么要改变。

接下来，你需要带领对方一步步地达到你的目的，拿分配任务一事来说，你可能发现，你的团队中最有能力的那个成员并不愿意承担与之能力相匹配的挑战性任务。此时，你完全可以按以下步骤来做。

- 先问问对方：“你为什么不想承担这项挑战性的任务？”
- 找出原因，并根据原因制定策略：“我知道你认为这是一项麻烦的任务，会耗费掉你很多的时间与精力。不过，你也要看到它带来的好处。如果你完成了它，你接下来的一个月就可以轻松地度过了。”

在这一过程中，关注对方的情绪变化，并给予一定的情感补偿是非常重要的，这也是你是否能够产生影响力的关键。有时候，情感的力量会超出我们的想象。

- 提出你可以接受的最低要求是一个不错的方法：“你至少可以参与其中，你可以自由地选择你想要的合作伙伴。”如果对方拒绝的话，你也可以使用一些诱惑：“如果你能接受这项任务的话，那么，接下来的两个星期内，你不需要再接受其他的工作了——我会保障你能够全身心地投入该工作。”

以循序渐进式的方法来寻找解决问题的方法，在所有的对话中都非常重要，如果你步子迈得太大，只会使他人感觉到威胁：“他为什么这么说，是不是他决定要跳槽了？”“他这样要求真的伤害了我的自尊心！”

你应为自己与谈话对象设置一些基本的原则，以保证对话不会导致关系破裂或者情感受损。

- 我们应控制自己的语气、用词与情绪；
- 我们不打算一下子就将所有的问题解决掉；
- 我们都需要意识到：没有人能一直如愿；
- “我是对的，你是错的”这样的立场类争执对我们的关系没有帮助；
- 如果我们的讨论变得紧张起来，一定要暂时打住！

你应始终相信自己有能力且正在合理地表达观点，当你能够从自我表达中获得足够的信心时，你的谈话影响力其实正在一点点地建立。

2. 减少排斥，塑造自我吸引力

对于那些个性孤僻、不愿意讨好他人的高效能人士而言，这是一个不好的消息：现代社会中，不管是学校、工作还是家庭中，人们都会利用排斥来调节自我身边的人际关系，他们通过故意回避、转移视线或者黯然以对，来面对那些不愿意被自己左右，或者不愿意接受群体观念的人。

这是一种情感上的虐待，同时也是迫使个人服从他人的关键性原因：它是的的确确存在的。

美国心理学家奥斯卡·波尔曼与自己的助手从62个国家招募到了1478位志愿者，它让每一位被试验者与另外两个实验助手一起玩一种名为网络飞碟的游戏。志愿者被排斥，而另两个固定的助手却在游戏中结成伙伴。

结果，那些被排斥的志愿者都感觉到了情绪上的低落——造成他们大脑皮层活动性较高的区域，与身体创伤所激活的脑区是一样的。

由此可以看出，被排斥的确是一种实实在在的创伤。那么，我们应该如何避免这种因情感虐待而导致的创伤，并不断地促进他人去接近我们呢？最简单的方法就是，塑造自己的接近性吸引力。

两个人是否能够成为朋友，进而保持良好的关系，相互之间的距离是一个强而有力的指导。虽然接近也有可能会诱发敌意，但接近在更多的时候是产生吸引，最好的证明就是，大多数人的结婚对象是他们的同学、同事或者是曾经在一个小区中居住过的人。

他人对你的态度往往是在不断地见面、接触中发生变化与联系的，想要让自己形成一定的影响力，彼此之间有一定频率的交往是前提。生活中我们常常可以看到，原本关系亲密的两人，后来因为交往得少了，关系便逐渐地淡薄了下去；反之，原本并不熟悉的两个人因为经常在一起活动，关系反而亲密了起来。

这种从近邻与同事的关系中获得友谊的好处是，所需要付出的时间与精力都很少，而你需要做的，也只是增加你与对方的交往频率而已。

- **多出席一些重要的场合**

不管是单位组织的年会、聚餐还是小区物业要求居民们参加的会议，甚至是孩子学校老师办的家长会等，你都要积极地参加——重要的场合中，很可能汇聚了不少能够与你建立起关系、帮助你塑造影响力的人，而你与他们的相识，可以进一步在他们的脑海中形成对你的印象。

- **说话，而不是一味地沉默**

在所有你参与的场合中，你都应该要求自己至少要说一些话，哪怕是废话也可以！在这些场合中，坐冷板凳还不如不出席——不讲话别人很容易把你当成容易操纵的“木头人”，你应该在恰当的时候学会微笑，与他人交流。

当你发现在群体活动中有一项你可以发挥专业才能的时候，你要及时地抓住机会表现——让他人知道你在某方面有专长，不仅是形成个人影响力的关键，同时也是增强他人印象的关键。

- **体现出你的优势**

除了要表现出你的专业才能以外，你还可以通过以下三个方面来吸引他人对你的注意力：

- 权力：你掌握了哪些便利。
- 财富：你拥有怎样的资本。
- 名声：你有哪些好名声。

表面上看，这些内容都过于媚俗，但事实上，以上三个方面是个人影响力的三个支柱——在所有的权威人士中，你都可以观察到他们三点齐全。

如果你并没有权力与财富的话，那么最简单的办法就是让自己从现在开始培养起好名声，为人正派、信守承诺、拥有出色的专业技能……这些都能够成为你拥有好名声的切入点。

千万不要感觉现在培养好名声太晚了，特别是当你正在努力打入一个小圈子时，一步步地在这个圈子的周围，通过一件件的事情来让他人知道，你的确是有这样的名声的，那么，当他人需要的时候，你便能够及时地挤入圈子了。

• 注意那些会引发他人“不安全感”的行为

试想一下，一个人刚刚与你相识，便处处围着你打转，时时想要与你说话——你会喜欢他吗？

不，你只会感觉讨厌，甚至是害怕：“他为什么一直围着我转？”

当你过分地表现出想要与他人亲近的需求时，你便会在下意识里表现出一些不恰当的行为，如果你不理性地控制自己的这些不恰当的行为的话，那么，对方很可能会被你吓跑。原因很简单：你的这些行为完全令对方在自己熟悉的领域中失去了主动权，你引发了他人的不安与焦虑感。

而以下这些行为，则是引发“不安全感”的最常见举止，你应尽量设法避免。

◆ 刻意的亲近

当你与他人相处时，就算你非常想要与对方结识，你也应与对方保持恰当的距离，特别是女性——过分的亲近或者刻意的攀谈只会让他人认为你有所图，哪怕你只是想真诚地与他人展开交往，对方也会迅速地逃离你。你永远无法想象，人们对那么刻意的亲近有多么厌恶。

相反，如果你能够在交谈的过程中，试着让自己保持随意但又有自信的姿势，下颌微微上扬、面带微笑、与对方保持一米远的距离，并且，在与他交流的同时，又不忘记与其他人交流的话，那么，对方便会放下警惕之心。此时你会发现，他与你交流会变得更主动。

◆ 随意地批评或者诽谤他人

“考量对方是不是你的好友，关键在于两人之间能否在一起说他人的坏话！”

你一定听过这样的“指导式话语”，但是，你要注意：这种以“说坏话”

来表达亲近的模式只适用于私人关系中已经非常亲密的两个人。在你于工作场合树立形象的过程中，如果你随意地批评他人、诽谤他人的话，那么，你很容易被人误解成“不可靠”的形象——不管你的批评有多少真凭实据。

◆ 过于情绪化

听到好笑的笑话便大笑，谈起感人的场面便落泪，这样的情绪化只会让他人证实一件事：你是一个容易被操纵的人——没有人喜欢过度感性的人，在人际交往中，人们一般只信赖那些稳重内敛的理性者。

◆ 随风而动，没有自己的主见

如果你总是在问别人“我应该怎么办？”“你想让我做什么？”一类的问题，那么，你就已经向他人摆出了“请操纵我”的模样。在陌生人眼中，有主见、有个性与倔强的人往往是一种稀缺的资源，而这种稀缺就如出售商品一样——正因为少，人们才愿意购买。

当你能够利用上述原则与他人进行接触后，你或许并不能立即树立起自己的影响力，但是至少，你会让他人对你产生兴趣，而不是对你产生厌恶感。

3. 不同负面状态，不同引导举措

高强现在正在主持每周的团队例会，与直接下属们一起讨论怎样才能更好地解决项目延误的问题，以免影响整个季度的目标完成。其中，一名叫雪佳的下属未能赶上两个关键期限，她应该对此负责。

其实，高强也知道，雪佳在此之前便已经犯过此类错误，而团队其他成员都对她很失望。但是，他依然决定，不在会上对雪佳提出批评，而是在会后私下进行。他想让雪佳知道，自己和团队成员对她有多失望。

与大多数的高效能人士一样，你相信“表扬必公开、批评宜私下”这句格言，因此，当员工做了对团队有负面影响的事情时，你往往会选择在私下与之对话。

然而你不知道的是，践行这句格言很可能会带来更大的危险，因为它大大削弱了团队成员责任归属的清晰度，更降低了团队决策的质量，同时也减少了团队自我管理的能力。为什么说“私下批评”这种做法对团队绩效有损呢？如何才能在最大程度上保持团队的积极进取情绪？

- **认知现实：公开出现的负面行为应公开处理**

你的个人影响力是否名副其实？团队成员之间是否需要彼此协作才能完成团队的工作目标？若你的答案是肯定的，那么，他们在实现目标的合作过程中，也需要为彼此负责，而这种彼此负责包括了相互信赖、亲密合作、共同决策。

若你对那些对整个团队有负面影响的行为，或者公开出现在团队会议上的负面行为秉承私下批评的做法，便会削减团队成员彼此间的责任感。

这就相当于，你在向团队成员传递这样的信息：大家只需要对你负责，而不需要对整个团队负责。此外，这种不恰当的举动还会使对方意识到：大家并不需要对彼此负责，因为你会对他们负责——总之，你将原本属于团队成员的责任转嫁到了自己的身上。

此外，你还使解决问题的难度大大增加：若你告诉雪佳，她未能赶上期限，这使整个团队都未能实现预期的目标，针对此问题，你与她之间可能会达成共识，她要怎样改变自己的行为，才能规避这一后果，但是，这很可能会在不经意间给其他团队成员带来新问题。

因为雪佳也许会告诉你，是其他团队成员让她很难赶上期限的，因此这并非她的过错，此时，你可能像个乒乓球一样，在雪佳与其他团队成员之间跳来跳去，却永远弄不清楚问题到底出在哪一方。想要了解事情的真相吗？大家就必须坐下来一起对话。

- **你不需要将自己当成“一家之主”**

值得质疑的是，为什么很多高效能人士会在不知不觉间将责任转嫁到自己的身上？

这要从我们所受到的管理者教育开始——大部分管理专家们告诉你，领导者要为团队承担最终责任。但是，他们误解了所谓的最终责任，并习惯性地将自己视为“一家之主”。他们认为，对于团队工作，即使自己不负全部的责任，也要负主要的责任，其中包括对直接下属们提出负面的反馈。

再者，管理学家们证实，在面临困难的局面时，几乎所有的高效能人士都会尽力减少自己对负面情绪的表达：若你感觉难以表达负面反馈，那么，你就会更愿意私下而非公开、当众这样做。

但事实上，个人的影响力往往会决定整个团队的情绪走向，而非个人感受：即使做某事会让你产生不舒服的感觉，你也应保证行事有效。因此，团队成员的工作效率低于了正常标准，或者对整个团队的运行造成了影响，那么，明智的领导者会选择公开处理此事，因为作为一个整体，团队的信息、解决方案与职责都要公之于众。

- **寻求所有团队成员的看法**

如果此人的态度与作为会影响到整个团队，那么，寻求来自团队以及所涉及的每一个人的态度、看法便显得非常重要了。询问团队中的每一个人，同时，让他们拿出一个解决方案，共同完成，这远比你个人指定一个新的方向更加有效。

当表现出不满态度的员工描述有哪些工作是必须做的时，那很可能是非常重要的事情——此时，让团队重新定义目标，并促使他们自行找出解决问题的细节，同时注明，他们的职责就是帮助维持新的行为准则更顺利地进行下去。

更重要的是，一旦你提出了计划，并被团队同意执行了，那么，你就要改变公开的态度——此时，与团队成员单独谈话，才能够得到他们的真实想法，进而了解这一计划是否可行。

- **在个人展示消极态度时，展开一对一的对话**

对危及团队目标的行为，你需要进行公开的批评，但是，对于团队中某人的消极情绪，你却需要进行私下处理：消极情绪往往会在公开发表时出现蔓延情况，这其实就是我们之前提到过的“情绪可涉及范围”的问题——公开发表负面情绪，很可能会使这种原本属于个人的负面情绪发展成为一种团队式的负面情绪。

尝试着去管理那些态度消极的员工，就如同面对打了一场必败之仗的人一般。如果有人在管理过程中出现了尖酸的态度，那么，你与其展开一对一的对话，找出问题的具体原因是非常关键的。以开放式的问题、简短的问题来询问根源：你的员工是否对他的工作活动感觉到沮丧？如果是，那是为什么？他的个人能力是否未得到充分的利用？如果是，是怎样的呢？

与此同时，打开办公室的门是一个不错的举动。有时候，某位员工一味地给出消极评价往往意味着他感觉被人忽视了，而这一修复过程并不简单。打开你的办公室大门，可以让对方很放松地进入你的办公室，并且坦率地与你讨论团队内所发生的事情。

这些谈话或许能够帮助你了解到特定的人制造的消极事件——若有人担心这一行为会被他人视为“打小报告”，你应做出承诺，让他们知道，你们的谈话将被保密，并坚守这一承诺。

值得你注意的是，你应该学习如何区分态度消极的人与只是单纯不同意你观点的人。身为高效能人士，新的建设性想法往往能够进一步提升你的效率，因此，如果你希望自己的团队中出现能够挑战你的想法并有正确问题出现的话，你就应该秉持欢迎的态度。提出建设性问题——比如，下属认为团队在哪些方面做得不够好，并指出了更好的解决办法——这其实是一种财富。

你需要注意的是，消极行为的改变需要你付出相当的时间与精力，它们往往不会在一次纠正以后就出现永久性的变化。你需要做的，只是确保不让少数态度消极的员工抑制了整个大团队的积极精神。

4. 正确责备下属，他会反过来感激你

张新看到自己的下属小李又一次地将项目数据搞得出了错，他有些心烦：“这个小李，已经不知道第几次出错了！”虽然不满，但张新连一点责备之意都没有。

他有自己的想法：现在的年轻人根本不愿意接受他人的指点，有时候稍微说上两句，他们就会把不满情绪写在脸上。何必为了这些自己可以改正好的东西与下属们起冲突呢？

有些高效能人士与张新一样，因为畏惧冲突而不愿意责备下属，有些高效能人士则是本身就没有办法冷静地指出下属的错误，仅仅流于情绪化的发怒。不管是哪一种类型的管理者，都应有以下三个觉悟：

◆ 责备不是伤害，是对下属的帮助，只有指出了错误所在，员工才会有成长的机会；

◆ 你的责任不是维持八面玲珑的人际关系，当你坐上管理位置时，就要有“就算被讨厌也没有关系”的认知；

◆ 责备，是为了让被责备者了解自己犯错的原因，而不是让你发泄自我失败的挫折感。

著名管理学家彼得·德鲁克曾说：“组织的文化，并不是指相处融洽。重要的不是感情好，而是工作的状态好。不以工作上得到的满足，而以工作关系得到的调和为基础的人际关系，即使看似融洽，但实则贫乏，这会让组织文化腐化。这不会使人成长，只会使人顺应或退缩。”

在团队内部，想要让组织活化，冲突不可欠缺，而这种冲突之一，就是责备：借着指责没有做好的部分，帮助对方发现问题，进而产生“成长”的化学反应——这就是责备的目的。只是为了单纯地照顾到内部的和谐氛围，畏惧因责备而带来冲突，下属与团队就都不会成长。

当你身为管理者时，你的角色与下属不同，“我是以管理者的身份在栽培下属”“我一定要将这个团队变成最棒的团队”，有了这样的使命感，你才会拥有“责备的力量”，才能够不畏惧因责备而带来的短暂冲突，以及与下属因此而产生的负面情感。

• 说出“该说的话”，就是你身为管理者的工作

很多高效能人士可以轻松地做好自己的工作，他们往往会表现得非常出色，可是，一旦要求他们带人时，却往往效果不佳，“管理职位不适合我”“是不是自己的能力不够”……一系列的自责式自问使他们挫折感不断，并开始怀疑自己的能力。

但在自责的时候你应该想起自己的工作定位：工作是一个角色，公司是一个舞台，只有充分地了解“这份工作应该做的事情”，才能够扮演好自己的角色。

因为过分地考虑到对方的情绪或是担心被对方所讨厌，从而无法明确地在员工犯错误时责备、指正的管理者，可以先从告诉自己“这是一场角色扮演”开始，认识到现在的工作就是“带领那些懂得反省、不再犯错且可以独当一面的下属们走向更好的未来”。

- **搞清楚状况，然后再开口**

早上你看到下属迟到了，于是立即叫他到办公室里来训话：“你搞什么？这是这个月第几次迟到了？”

下属唯唯诺诺地回答：“对不起……今天地铁突然出现了机械故障，我被关在车厢里好久。”

在这种时候，就算是你再说“至少你也应该先打电话进来说明一下具体的原因”，也往往无法使尴尬的气氛缓和下来。即使下一步你为下属指出了正确的处理方式，已经被劈头盖脸地骂了一通的下属，此时很可能正处于气头上，根本听不进去。

因此，你应该这样说：“为什么今天迟到了？”

这样的问话，可以得到下属清晰的回答：“今天地铁突发故障，被困在了车厢里面。”

此时，你就能够更从容地表现出自己身为管理者的理智与公正：“情有可原，不过，下次有类似的事情时可以先打电话回公司，大家都在为你担心呢。”

在确认事情的真相以后再做出相应的处分，员工才会更加信服你。

- **员工犯错的当下，你要立刻开口指正**

你或许并未意识到，“责备”这件最有可能引发不满的事情也有时效性，事后翻旧账不仅无法让下属反省，只会徒增他的挫败与不满。因此，想要责备对方，最好的时机不是找那个最不尴尬的时机，而是“当场并即时”的责备：趁着事情刚刚发生不久、记忆犹新时立刻纠正，他的感受与记忆往往会特别深刻，而且多半也不会再犯相同的错误。

相反，如果主管当时没有出声指正，直到事情发生了第二次、第三次，再出言责备，甚至再加上这样一句话：“你之前也出现过这样的问题，从那时候开始，我就一直想说你了……”

这样的说法非但无法让下属发现自己的错误并增进改进效果，反而只会让其升起厌恶之感：“错了就错了呗！干吗一直翻旧账？”甚至有可能引发：“哦！原来他从那时候就一直在这样看我！”造成下属的负面情绪。

- **用来责备的时间，三分钟就足够了**

这是一个铁一样的事实：用于责备的时间越长，事情的焦点就会越模糊，对方的专注也会无法持续，而其不满情绪也会成倍增长。唠叨的骂人，反弹的心态会远远大于反省。

回想一下我们在上学时被老师责备的经历就知道，没有人喜欢“被骂”，被骂的时间越长，往往越听不进去。责备的目的只是让对方“发现自己的错误并积极地改进”，因此，你责备的重点应该放在“如何让对方接受，如何让他主动地改善”上。

你未曾注意到的是，长篇大论的责备往往会沦为怒气的发泄——这是管理者与职俱来的权利，同时也是由上至下的负面情绪的宣泄：下属很可能只是将一份报告写得跑了题，但你越是责备他，越会生气地想起，他在之前还有很多事情没有做好。如此一来，你的责备重点就会渐渐地失焦。

在你的责备失焦的同时，下属的情绪也在发生着变化：起初，被责骂的下属会感觉很紧张，可是，随着被骂的时间越拖越长，紧张感也会随之消失，到最后，他很可能只想着：“这么一件小事，他到底要讲多久？怎么还不结束？”如此一来，浪费了彼此的时间，却毫无效果。

- **只针对一件事情责备，绝不扯到其他内容**

责备，是为了让对方意识到自己做得不好的地方，若同时提出两个甚至是三个做得不好的地方，只会让受到责备者感觉到混乱：“所以呢？我到底应该怎么做才好？”“所以呢？我到底要从哪里开始下手？”听完之后，他们很可能会因为你责备的点太多而不知道从何处开始改进：讲的方向越多，焦点就会越模糊。

更重要的是，人都不喜欢被骂，一次性地被指出好几个需要改善的地方，被责备的下属也会情绪不佳。原本责备的本意是为了使他知道自己的错误，向他提出改善的方案——这种方案只是一个建议，所以，你在责备时，一次只针对一件事情就好。

- **明确地说出自己期望对方达成的目标**

你很可能会责备那个办公桌上总是杂乱无章的下属："难道你不感觉自己的桌子很乱吗？整理干净点！"他当天的确将桌子整理干净了，可惜的是，过了几天，他的桌子又乱糟糟一片。

为什么会这样？原因很简单：每个人对"整齐"的标准不同。其他事情同样如此，因此，主管应该明确地说出自己的要求："下班或者外出时，文具用品与文件必须完全收拾到相应的抽屉里，桌面上只能放电脑与桌历。"只有拥有了明确的目标，才能让下属找到确切的遵循方向。

在交办其他的工作时也同样如此：明确地说出自己期望的目标与准则，就可以清楚地与下属目前的做法相比较；如此一来，在他没有做好时，也可以明确地说出对方应该改善的地方。

- **责备以后，不要轻易听信下属的道歉**

当你询问下属的工作进度时，他很可能会回答："真的很抱歉！还没有完成。"此时，大部分管理者会这样说："还没有做好啊？一定要掌握好时间，不然后面的进度会完全赶不上！"

面对这种要求，下属通常也会直接道歉："对不起！我会尽快完成。"这时，你是不是认为，只要再补上一句"下次要注意"就好了？

"下属道歉后就算了"的责备，往往只会沦为表面上的斥责，就算当下问清楚原因，马上指正，下属也不会因此而成长，因此，你必须有针对性地利用追问来进一步展开确认。可以追问的方式有：

◆"你以前都是怎样去制订工作计划的？"

◆"完成多少百分比了？还有多少没做好？"

◆"遇到什么障碍，怎么会卡住？"

◆“还没做好的部分，需要多久才能完成？”

他为什么没有做好？要怎样做才能做好？只有将理由都找出来，将没有做好的理由都弄清楚，下一次下属再遇到类似的问题时，他才会知道问题出在哪里，才会不再犯下相同的错误。

如果你期望通过带领团队来提升个人效能，而非降低个人效能，那么，你就必须学会如何通过各个方面的情绪技巧来引导下属与你走在同一方向上。有些时候你要教导，有些时候你应该给予赞美，有些时候你必须通过责骂，慢慢地磨炼下属——只有这样，你才能够立足于团队的成功，进一步实现个人的成功。

5. 嫉妒：别让你的出色因他人的不满而陨落

你完成了公司里一项无人敢接手的任务——当初，你接手的时候，根本没有人敢在会议上看老板一眼，大家任由他那充满期待的眼神一点点地落空。你掂量了一下任务的难度，又评估了一下自己的能力，认为这是一个新的挑战，于是，你接下来，并完成了它。

项目完成以后，老板在公司的大会上公开表彰了你，同时号召大家向你学习。你感觉非常高兴：自己的能力终于得到了认可。散会后，有不少同事围着你打转，向你“取经”，希望你教给他们处理此类任务的经验，而你也与他们约定好了具体的时间。

谁知，不满也因此而生。有同事当面讽刺你：“前几次的困难任务没有见你站出来，怎么老板一说你就站出来了？”更有难听的话语在背后传开，认为你平日只知道藏私，在团队工作中从来不尽力。

你有些错愕：怎么自己小小的一次成功，竟然引来了他人的不满？

日常工作中发挥自己的才能时，很多人会对你升起敬佩之心，但也一定会有相当比例的人会以负面的情绪与态度来否定你的才能，不用说，那肯定是因为嫉妒。

嫉妒是一种让人摸不透的强烈心理机制。在讨厌一个人的诸因中，嫉妒被心理学家们视为主因。关于嫉妒，我们有必要妥善地进行控制，在不去嫉妒别人的同时，也让自己不受他人嫉妒；或者就算被人嫉妒了，也要用平常心面对。

从另一角度来说，嫉妒跟影响力是一体两面的反义词：因为“依赖心强的人”其实也就是“嫉妒心强的人”。越是在乎他人的评价与眼光，就越容易因为他人的话语而受伤，对他人产生嫉妒情绪。再者，嫉妒心强的人会因为无法认同他人的努力，为了克服矮人一截的感觉，采取批评、妒恨对方的方式，反而会助长了矮人一截的感觉，进而形成恶性循环。

嫉妒的背后，其实隐藏着不敢面对真相、逃避竞争、不认同他人努力、无法打从心底尊敬他人的成功等心理机制。而遗憾的是，因为这属于思考逻辑上的“习惯”，所以很难改变。

• 在自我肯定的基础上控制外来的嫉妒

要做到不受他人以嫉妒为代表的不满的影响，首先一定要建立“自我肯定”的感觉。

所谓自我肯定的感觉，说穿了就是“将正面评价最大化”的策略。人很容易对亲近的人萌生嫉妒的情绪，或者虽然不是亲近的人，可是因为对方的能力其实与自己差不多，或者觉得自己能力在对方之上，但如果成功落在对方身上，就会产生妒恨的情绪，以否定对方的努力或者成果的方式，来大肆发泄自我妒意。

从这样的定义中你可以得知，虽然你可以控制自己不陷入对他人无谓的嫉妒中，浪费自己的精神，但遗憾的是，想百分百地防堵因他人的成功而导致的嫉妒根本不可能。如果你因为害怕被人嫉妒，而过分贬低自己，当机会来到眼前的时候，就会心存顾忌而裹足不前，让自己变成“没有能力的滥好人”。

与其如此，还不如彻底觉悟：让自己的才能彻底展示，就一定会受到周围人的嫉妒。这种觉悟对于塑造个人影响力是一件非常关键的事情：能朝积极的方向体悟到这一点是个人影响力开始苏醒的现实，它证明你已经将来自他人的嫉妒当成了一项“反指标”——之所以会受到别人的嫉妒，恰恰是因为你太过出色了。

如此一来，你就能更轻松愉快地驾驭被嫉妒的情绪了。换句话说——不招人妒是庸才，只有有气魄把目标放在这样的高度上，你便可以在被人嫉妒的同时，也可以做到心平气和地不以为意。

● 立足于“报酬最大化”，让自己勇于承担“被讨厌”的风险

如果不满是来自与自己认识很久、一直以来都很支持信赖自己的人，如对方突然翻脸如翻书一般地讨厌起了你，或者给你忠告的话，你就需要好好地思考一下，自己是否有什么地方真的做错了。

若非如此，对方只是道听途说，或者听到什么飞短流长就做出判断，或者只是为了捍卫自己没有你优秀的尊严，进而被他讨厌、被嫉妒的话，那么，你最好的处理办法就是习惯被讨厌的情绪。

换句话来说，让自己勇于承担“被讨厌”的风险。因为如果一味地不想被讨厌，那么，你原本应该发挥的实力便会施展不开，自然也无法获得足够的影响力。

其实，你完全可以参考战略拟定的过程来考虑这一点。公司在拟定战略的时候，往往会依照风险的程度将战略分为两类：

- 风险最小化的战略；
- 报酬最大化的战略。

前者是为了尽量避开风险，以避免重大损失的战略；后者则是做好了有可能会失败的心理准备，将眼光放在未来自我得益最大化的战略上。

这就如同人际关系一样：让每一个人都喜欢你，并尝试着成为老好人，的确会风险最小化；使人产生嫉妒、讨厌等情绪上的不满，其实是报酬最大化——两者相比之下，后者明显对你的个人发展、职业生涯更有利。

很显然，在你想要施展拳头、做出一些成绩来的时候，若不能勇敢地承担起被讨厌的风险，便无法确保自己得到应有的报偿；若你一心想要降低风险，最后很可能如同大部分的老好人一样，对已呈现失控状态的职场人生一点左右能力都没有。

- **承认事实的同时，尽自己最大努力去减少不满**

这就是事实：不管你再怎样小心翼翼，只要你想发挥自己的能力，就会不可避免发生因嫉妒而产生的讨厌。换句话说，由于嫉妒而产生的讨厌情绪，会因你的出色与锋芒毕露而不请自来。

另外，你越是活跃，他人对你的期待也会越高，然而，你不可能去迎合所有人对你的期待，如此一来，也会有人因为不符期待而产生不满情绪，这种讨厌的理由也是避无可避的。

话虽如此：

- 感觉对方轻蔑自己；
- 感觉对方讨厌自己；
- 毫不关心对方。

这三种因为自我态度而引发的负面情绪，在某种程度上是可以引导的。而其方法也非常简单：只要你打从心底在语言上，或非经语言的沟通过程中，不要直接、间接发出以下的讯息就可以了：

- 轻蔑对方；
- 讨厌对方；
- 不关心对方。

也就是说，在交往的过程中，哪怕你是在拒绝对方，也要表现出对他的信赖，并找出诚心诚意的替代方案，从而表示出“其实我还是很重视、关心你”——这是减少他人对你的不满情绪的重要一环。

换句话来说，你应该先将被讨厌的原因区别为两种：原因是出在自己身上，还是出在对方身上？

如果是只需多花一些心思就能改善的，那就尽可能留意、思考、预防。比如，若你到国外度假，最好不要单独给几个人带不一样的礼物：给团队中的每一个人带上一份相同的礼物，往往会大大减少有人因此而产生被讨厌、被忽视的感受的概率。

对高效能人士而言，不管是基于什么样的理由，被人讨厌终究是一种损失。若可以事先预防的话，即使要投入精神、时间、金钱等资源，也应尽可能地加以防范。只不过，如果被讨厌的原因是出在对方的身上，那么，你就要明确这样的事实了：仅靠自己的力量，是没有办法完全地改变对方的。

想要完全地消除原本就讨厌你的人的情绪，必须花费高昂的成本，可是，若将宝贵的精力和时间都花在这上头的话，反而会拖累自己的表现，使你的效能大大下降。因此，你应有分辨出对“被讨厌”这件事情的“可以改变”与“不可改变”的能力。

6. 保持冷静与理性，挽救因恶意而受伤的影响力

不管你如何谨慎为人，恶意总会发生——这是一种必然。最容易出现恶意的环境往往是可匿名的环境，如博客一类的网络资讯，或者背后经过口口相传的谣言。

为了增进本部门的绩效，你决定在网上开通一个技术性的博客。这个博客中，不仅有你混迹职场多年积攒到的人际交往经验，同时也有自己苦心学习才得到的知识与技巧——你建立它的目的并不是赢得他人的认可，而只是单纯地好心想要帮助部门后进者能够更快速地寻找到技能上升的渠道。

博客开办几个月以来，越来越多的同事与下属开始知道你的博客，同时，它也成了你的个人招牌，以至于其他公司竟然也有人慕名而来，希望

将你“挖角”。看着大家充满了感谢的留言，你不禁欣喜。

但随后的事情就不那么让人高兴了：在某一天，你发现有人开始在网上攻击你，并声称你的博客有泄露公司秘密之嫌疑，同时更直指你的做法其实是在沽名钓誉。更可怕的是，这些无稽之谈竟然开始有人相信了，你的老板甚至为此找你谈了一次话。这让你非常伤心：这些恶意的攻击到底来自哪里？又要如何处理它们？

从人际情绪管理专家们的口中，我们可以得到这样一个个有趣的说法：不管你的风评再好，也有5%的人怀有恶意，且这5%的人往往会发挥你想象不到的破坏力。这就提醒你：你有必要针对这种恶意做出一些恰当的举动。

- **以理性而冷静的态度面对**

你最需要做到的就是，别因为被攻击而过度伤心，而是要以平常心面对。此外，你要注意到这样的事实：会如此热切批评，甚至还引发了恶意的言行，应该不是完全不认识或者完全没有关系的人，而是一半以上都是你所在的组织中的人。也恰恰是因为关系密切，与对方有很大的利害关系，所以，他们才会有一些事情不吐不快：为了维持本身的精神安定，不得不采取报复行为。

举例来说，会在公司或组织有关的网站上写出诽谤中伤留言的人，根据网络专家的分析，99%都是该公司的员工或客户。这也证明了，若不是跟该组织有关系的人，极少会有人有闲情逸致把自己宝贵的时间和精力浪费在这种事情上。同理，一些恶意的现实攻击，也多半是出自身边的人。

像这样攻击性强的人，目的其实只有一个，就是希望能获得大家的认同，即希望通过各式各样的攻击，获得大家的肯定。

- **了解隐藏在“恶意”底下的背景因素**

不管是谁，都不喜欢受到他人的攻击。问题在于，如果只是感觉很困扰，却无法停止恶意的产生，只会周而复始地陷入无限的循环之中，与其如此，还不如试着了解对方为什么会对自己怀有恶意。只要试着去了解恶意形成的背景，便可对其拥有更深一层的了解。

此时，不如对对手展开调查，将问题一个个地揪出来，进行具体分析，从中找出解决问题的线索。重要的是，不要跟对方站在同一个擂台上，不要对他鸡蛋里挑骨头的批评一一回答、解释。老实说，这样做根本没有任何意义，因为对方其实只是借着批评别人来发泄他的不满情绪，而不是要跟所批评的对象讨论问题。

因此，你越是强调自己的正当性，越会加深对方的不满，最后，他可能会经由别的渠道，把新生的不满一口气发泄出来。

● 判断恶意是否为必须解决的问题

不过，很多人虽然知道了解对自己怀有恶意的人的必要性，甚至向对方展开近乎“身家调查”的重要性，但却不知道从何处入手。其实，你只需要按部就班、客观地审视以下关系即可：

◆“被讨厌的自己”；

◆“讨厌自己的对方”。

最重要的是第一步：你应先暂时跳脱“现在被人恶意攻击的自己”，将自己定位为第三者的立场，从客观的角度思考下面三个问题：

◆ 对方如何看待“被讨厌的自己”？

◆ 什么样的人是“讨厌自己的对方”？和自己相似、不同之处又是什么？

◆“被讨厌的自己”和“讨厌自己的对方”之间又有何关联性？对方是想借由打击自己哪一点来宣泄情绪呢？

上述问题中又以第三点特别重要，它可以帮助你知道对方为什么会对你产生恶意，也可以冷静地判断对方为了攻击自己愿意做到什么地步。

● 这一问题需要花费劳力与成本来解决吗？

将自己被讨厌的问题依据上述三个重点整理好以后，你应再次静下心来思考：这个问题是要花费劳力与成本才能够解决的吗？

举例来说，你那个出了名的个人博客上的恶意留言便是最典型的例子：如果你针对每一个批评指教都一一响应的话，反而会中了对方的计，被对方耍得团团转，那么就算你有再多的时间都不够用。其实，你只要把精神都花在博客内容上，用时间来培养粉丝，不做出会增加批评者的举动就行了。

因此，像“网络留言”一类不解决也不会出事的问题，就随它去好了。

最重要的是要认清事实：

- 并非所有的问题都必须解决；
- 有人喜欢就会有人讨厌；
- 讨厌你的人中有一定比例会成为批评者；
- 批评者中有一定比例会把恶意直接转嫁到你身上。

因此，你应配合自己的冷静，鼓起勇气认清事实：对于那些需要花费大量劳力、成本才能解决但不解决也不会出事的恶意，搁置一边才是最好的做法。

● 借由压抑自己的“恶意”来了解对方的恶意

为了不要太过在意他人的恶意，也为了控制自己的意识，就必须了解自己对他人发出恶意的可能性，进而加以控制。

因此，当你的内心出现恶意的时候，你需要静下心来思索：我为什么会产生恶意？理由何在？如何做出预防措施？或者更深入地了解对方，从而知晓对方让你感觉不爽的行为根源所在，便可最大程度上减少恶意。反过来，当你受到了恶意攻击的时候，或许也就可以冷静处理了。

● 探索对方的思维模式

为什么对方会对自己产生恶意，并进而攻击自己？如果你发现原因明显出在自己身上的话，除了向对方表达十二分的抱歉以外，更要在可能的范围内尽量地做出改善。

不过，如果还是有一些无法改善的“厌恶”，就得做出以下判断：自己的磁场跟对方的磁场就是合不来。在这种情况下，只要与对方保持安全的距离就好了。

其实，与对方保持距离需要相当大的勇气，尤其是对方之前一直与你关系亲密的话，就更需要勇气了。不过，你需要看到其中的必要性：若你继续与对方保持亲密关系，只会让对方有更多机会发现讨厌自己的点，进而让自己落入更不幸的境地之中。

你或许曾经有过类似的经验：由于彼此之间保持距离，反而可以与对方重新发展成良好的关系。

总之，眼睁睁地看着名为“讨厌”的恶意扩散的话，你的影响力就会如同突生了癌细胞一样，最终会被一点点地削弱。只有了解其结构，将问题构造化与细分化，进而分析其成因，然后只将精力倾注在自己真正可以解决的地方，才有可能挽救受损的影响力。

这就意味着，并非所有浮上台面的因素都得滴水不漏地去处理。能够做到的事情，就尽力去做，可若企图应付所有的问题，便可能会害自己疲于奔命，所以，有一点必须认清：千万不可反应过度，使自己的权益受到损害。

7. 不着痕迹的影响力的 4 个方法，让别人照你说的做

“那时，我无时无刻不在想，如何才能让团队发展得更好，却忘记了当主管的第一要务就是要学会更恰当地去影响他人。”如今已成某酒店集团最出色管理者的原丰还记得自己在初入管理界时的毛躁。

当时的他求好心切，不只员工的服务质量，甚至连厨房调味品的摆放位置都斤斤计较，直到几个月后员工们群起反弹，他才发现，是自己影响他们的方式出现了问题。

原来，原丰在下达指令、分配任务时，从来不会说明理由，而是直接单方面地提出要求，导致员工们根本不知道自己“为何而战”：每一句好心的提醒在员工耳里，都成了强势的命令，而他学习到的那些看似高明的影响他人的技巧，却并没有多少派上用场。

“我自负到以为‘员工一定可以理解’，这真是最错误的假设。”从此以后，原丰便将“有件事情想要请你帮忙”当成开场白。说来奇怪，当他

展示出恰当的尊重时，员工便自然地卸下了心防，接受了他的意见。

你是否因为无法说服他人接受你的绝佳构想，或者常常在试着影响别人时碰壁而觉得沮丧？这其实是因为我们所处的环境所致：当下已是“后销售”与“后推动”的世界，人们越来越了解操作策略，警惕心也随之提高。网际网络、电视广告与各式口碑营销，使人们对常见的影响力方式表现得格外苛刻，你的同事、下属、客户，皆可以敏锐地察觉到“死缠烂打”的招数。一旦你运用这些招数，他们便会强烈反弹。

大部分书籍所传授的说服技巧，都在强调操纵策略与技巧，这种行为将为了达成目的而影响他人的行为当成了影响力，而且，它们全部将重点放在了短期利益而非长期结果上——在情绪心理学上，这种短视策略被称为“非联结影响力”。“非联结影响力”的确有时候可以创造起暂时性的“认同”，但更多时候却会使你的名誉与人际关系受损，因为他人会感觉到，你只是为了达成自己的目的而操纵了他们，很显然，这会导致你与对方无法建立起深厚的情谊，以至于无法完成一番大事业。

想要以更有力的方式影响他人，就需要从“非联结影响力”转换到“联结影响力”。联结影响力使你不仅能够关注到自己的利益点，同时也会让你看到他人的感受与目标。

- **改变预期的心态**

当你走入某间办公室、某个会议室或者是某个公开场合中时，你对于那个环境中可能会发生什么事情，往往会有特定的期待。同时，当你走入门、看到你的那些人，对于你将如何影响他们也往往会有预期的心态。因此，你首要的任务是“改变对方的预期心态”，消除他们感觉会受到你左右的猜疑。

你可以在接下来的对话中，早一些开始使用“疑问句”，让对方感觉你正在放弃这场对话的控制权，这样，他们才可以掌握发言权。

例如，如果你希望向老板争取增加行销计划的预算可以得到认同，不需要急着用各种华丽的辞藻来说服老板。你只需要问他：“这个行销计划完成的时候，您期望看到的结果是什么？”然后告诉他，为了达到他所想要的目的，你需要额外拿来使用的钱是多少。

- **制造失去的紧张感**

人会恐惧损失，而且，无时无刻不在注意着自己的得到与失去——这是由人性“趋利避害”的优点所决定的。因此，你要做的是刻意地引诱对方考虑“潜在的损失”，以使对方清楚地知道，不与你合作会“失去什么”，然后，用更具有技巧性的方式、更生动的叙述为他们清楚地指出，若不与你做生意，他们可能将遭遇的损害是什么。

比如，你可以告诉那个无意购买你所推销的保险的客户：“在中国，今年面临死亡的人中，有七成将成为残疾人……若你面临永久失能的情况，那时，你将没有办法工作，你的家人该怎么办？更何况，家人还要支付照顾你的费用。若你购买保险来预防这样的巨大风险，便可以避免失去一切——更重要的是，不管你发生了什么事，你与家人都可以维持良好的生活水准。”

- **问对问题，就能让对方说好**

当你询问对方“是否打算”采取某种“特定的行动”时，比起从来都没有被这样问过，他们更有可能会照着你的询问去做。

举例来说，若你问某人：“在这次新年促销结束前，你会买 Mac 电脑吗？”

再问另一个人：“你会在新年促销的时候买 Mac 电脑吗？”

第一个人会比第二个人更有可能买一台昂贵的 Mac 电脑，而第二个人会比什么都没有问的人更有可能买一台电脑。

一旦你问出了一个问题，在未得到答案以前，对方的脑袋里便会有一个“内心角色”在帮助你。内心角色的工作，即确定“新年促销结束前买电脑”这项“任务”是不是完成了。它会打乱对方内心的平静，不断地唠叨买电脑这件事情，直到新年促销结束，或者他真的购买了电脑，那些唠叨才会消失。

- **注意：再次重视起同理心**

我们大脑中的镜像神经元可以说是同理心的核心所在，它的功能是反映他人的行为，而同理心又是个人影响力的核心所在。当你看着另外一个人，全心全意地听他说话、感受他时，镜像神经元便会开始启动，并向你解释：这个人正经历着什么样的事情，可以说，同理心是影响他人最重要的一项因素。

在前面你已经了解到，同理心指的是，你可以从另一个人的观点来感受、观看他的生活与选择——如果你真的可以做到这一点，你就会对他产生影响力。借此，你可以与对方建立起密切关系，而这种关系恰恰是你提出建议的基础，而它将让你有显著的分量。

事实上，若你没有办法体会他人的感受，那么，你永远都不会是真正拥有巨大影响力的人。而想与他人产生联系的方式就是发挥你的同理心。你可以问问自己："现在这个人的感觉是什么？"将这样的意识扩大，而不要只是局限在眼前的某件事情上，认识到"每一件对方已经让你知道的事情"，因为这些事情在他们生命的不同层次里依然继续进行着。

当你从"非联结影响力"到"联结影响力"转换成功时，你就会成为他人渴望追随的人，他们不仅支持你，还会成群结队地捍卫你的目标，并且会在你需要他们协助的时候帮助你。

6

第六章

秉持积极态度，与他人建立深入关系

积极的沟通往往会为高效能人士带来高绩效，但与同事、客户、下属等关系人之间除了绩效之间的合作以外，就没有其他目的了吗？工作场合中，很多问题其实都源于情感问题。如果你希望变得更出色，那么，你就必须具备与他人建立深入关系的能力。

1. 挑战：在竞争激烈的环境中建立起人际关系

你首先需要承认的是，你之所以能够依赖于高效能在公司中站稳脚跟，原因就在于公司对高效能人士所带来的收益的重视。绝大多数企业的目标是实现利润增长，期望经济不要衰退，期望老天不要制造天灾，给这个星球以致命的打击。想要实现利润增长，公司就必须：

- 提供人们需要的产品和服务，如果能提供必需品就更幸运了；
- 持续地赢得新客户，并使其变成长期客户；
- 招募并留住顶尖人才；
- 创造一种环境，让所有员工无论男女长幼，无论是否健康，无论身处何地，都能迅速成长；
- 在与竞争者的博弈中，以创新领先一步；
- 增加新产品和服务；
- 制定领导能力基准，带领公司向着目标前进；
- 执行公司的战略计划，并在计划无效的情况下修订计划；
- 讲求企业道德伦理。

显然，这需要聪明才智，但这明显还不够。

2003 年，豪威尔·雷恩斯被《纽约时报》免去了总编的职务。豪威尔具备所有的管理优势和出色的战略，他的失败在于没有赢得员工的心，因此他的改革战略无法得以实施。

2007年，鲍勃·纳尔代利被家居连锁公司家得宝解除了CEO的职务。他拥有无可挑剔的文凭，并在财务上取得了非凡的业绩，但他没有与股东、交易商、议员、调解员和非政府组织建立起联系，他们都想对公司如何运作、依靠谁取得持续成功发表意见。

以豪威尔、鲍勃为代表的诸多高效能人士出现问题的原因在于，他们将自己放逐到了远离人群的“真空”地带，他们真知灼见，即使大声疾呼，也无人知晓。

所有的证据都证实，想要实现我们提到的上述种种目标，以你为代表的公司管理层就必须重视丰富情感与高情商的作用，但很显然，这种能力并没有受到人们的重视——相比之下，人们更重视学历、经历、工作年限等看似能够给工作带来更多进步的东西。

由此带来的结果是，企业的战略始终停滞不前，无法实现跨部门合作，领导们疲于“四处灭火”，无力掌控全局，老套的思维方式随处可见，员工对组织及客户没有任何感情可言；忠实的客户可遇而不可求……于是人际关系在失败或被忽略的谈话中渐渐丧失殆尽。

当企业处于这样的十字路口时，领导者们往往会倾向于耗费巨资采用一些可衡量的目标，如经济指标、现金流预测等程序来评价基本的业务流程，而员工们渴望的却不过是一次热烈温暖的对话。

- **情商才是最有价值的硬通货**

著名情商心理学家丹尼尔·戈尔曼指出：“一个企业中，基层人员可以得到晋升，90%需要归功于他的情商。”换言之，管理人员的职业发展停滞不前，90%是因为他们缺乏情商。还有一点可能会让你更惊讶：在高层管理者中，情商的差距决定了超过80%的绩效差异。

可以说，在职场上，你最有价值的货币是与他人建立起联系的能力——至少你应具有一个人建立联系的能力，否则，不管你有多聪明，你都会生活在孤独之中。

如今，更具挑战性的时代已经到来，巨大的变革推动着企业不断地向前发展，企业的新业务呈指数增长。个人与企业随之都会发现，新的可持续的竞争优势正是人际关系。而这也正是长久以来，我们所有人都一直苦苦寻找的“利润增长点”：只要拥有了这一优势，你便可以在没有市场竞争的环境下获取相当的收益。

如果你期望从根本上改变员工凝聚力不足、干劲儿不足的问题的话，你就必须热情地倡导情感关系在公司内的重要性：你无法预想，一个人要热情地倡导多少次，才能使他人转变。这就要求你必须自己先拥有这种能够在挑战环境中建立起人际关系的能力。因此，你有必要对照以下全球公认的竞争性情感能力来弥补自己的情感不足，发挥自己的情感长处。

- **在寻找人才时，看其是否拥有组织风格与相关的关系取向属性**

谷歌公司寻找与衡量潜在员工的一个重要标准是他们的“谷歌风格”：

- 候选人是否能够在单层次的管理组织和小规模的团队中高效工作？
- 他是否能够适应快速变化的环境？
- 是否技术全面？
- 是否拥有独特的兴趣和才智，能在工作中有所创新？
- 是否拥有应对挑战，让世界变得更美好的热情？

这些“谷歌风格”使谷歌公司招聘到的员工可以与组织保持最大程度上的契合度。因此，你应召集自己的团队成员，包括同事与上司在内，构建起一个团队成员所需特质的列表。对于“关系取向”与“社交能力”，你应该添加如下属性。

- 幽默感

恰当的幽默几乎对所有人都有效果。如果你可以一直让他人开心的话，你们的关系也会走得更远。当然，如果你的个性严肃，但却懂得在恰当的时候表达几句幽默的话，那么，你也将获得更多的支持者——此时的幽默往往体现出了你有多么的平易近人。

◆ 可以在不同的工作环境中茁壮成长

你的公司可能会经历不同的挑战，你的团队也可能会经历频繁的人员更迭，或者你的员工需要不断地面临新的人际与实地环境，在这种情况下，是否具备在不同工作环境中快速适应的能力，便显得尤其重要了。

◆ 在多数情况下保持幸福乐观的心态

乐观的人会常常着眼于事物积极的那一面，但那些在生活中遭受一连串打击、人际关系非常糟糕、财务陷入困境的人，往往有厌世情绪，对生活的态度也消极悲观。

◆ 没有不切实际的权力幻想

这是一个前提条件："你们高薪聘用了我，就理应更好地对我！"这种想法很显然是愚蠢的，毕竟，这个世界不欠谁什么。

你应该花费一些时间列出对团队尤其是对你的管理尤为重要的属性。同时，召集出席会议的人员讨论理想的品质，这种讨论对每个人来讲都颇有价值，它就像一个关于最受重视行为特征的备忘录一般，时刻提醒着员工，他们的行为是否符合团队期望。

• 即学即用，让自己正视人际关系的重要性

如果你自己都不懂得社交，那么，你很难保证你的团队中都是擅长社交的人，所以，当你已经清楚如何测量他人的人际交往能力时，你也应该试试自己的能力：

◆ 我拥有多少情感资本？

◆ 对于那些对我成功与幸福至关重要的人，我与他们的关系如何？

◆ 别人会认为我是"聪明又有心"的人吗？

◆ 想想可以用哪些词汇来描述你与家庭成员、同事、客户之间的关系？

◆ 如果有人说"我在贵公司工作非常愉快（或者意思如此）"，记下他们的名字。

◆ 你是否渴望更深层次的人际交往？如果你的回答是肯定的，你还需要做些什么？

◆ 列出未来30~90天你的情感目标，明确写出你希望看到的结果和采取的行动。

与人进行深入交往所带来的幸福感其实是一种纯感官的体验，当我们在工作中建立起人际关系时，我们会更快乐，而且工作会更富有成效。如果你感觉内心的转变无从做起，或者感觉自己无法融入环境、十分恼火、想要对某人做出恶评时，或是当与苛刻的客户、防御性非常强的人谈话时，再次回想一下与人深交的重要性——当你真正意识到它的重要性时，你就会更有动力去转变自己的做法。

2. 你是在与客户建立联系，还是达成交易？

从事制造业的你刚刚失去了一位大客户，这使公司失去了高达数百万元的生意。

当你向那位看起来对各方面都十分满意的客户询问跑单的理由时，他的回答是这样的："并不是因为你的产品无法满足我们的要求，你完全有能力完成订单，但是，在这个过程中，你一直试图向我们推销并不需要的某种产品，你的目的只是达成一笔交易。如果你能预先花费一些时间与我们交流，听一听我们的观点，就会发现我们的真实需求了。"

换言之，你向自己的客户讲的其实是这样一段话："先生，您是我们的重要客户，我们非常重视您的反馈，遗憾的是，我们毕竟是自私的。眼下，我们只是将您视为摇钱树。如果您为此感觉不佳的话，那也没有办法。不过，现在我们已经将'以客户为中心'的字眼挂在了我们的网站上，并将其当成了我们的主要目标，对此，您应该感觉到高兴。好啦，您已经没有什么可担心的，眼下，您是不是该多购买一些我们公司的产品？”

你可能做出辩解：“我并没有这样说！”但回想一下，你话语中的真实含义是否如此？采用类似“以客户为中心”这样的词汇，不仅无法赢得订单，还会激怒懂行的客户。你的客户没有意愿听你讲那些所谓“以客户为中心”的做法。他们希望听到的是你如何努力理解他们独特的需要，然后尽一切可能满足他们的需要（假定他们的需要是合法的）。

要知道，这是一件非常困难的事情：你必须在合适的条件下，生产出合适的产品，并且有合适的人去推动业务发展。同时，你有必要在合适的时间通过合适的媒介，以合适的方式传递信息。你必须信守承诺，在能够维持公司生存的基础上，以一个合理的价格来满足客户的期望——此时，你的竞争对手正在虎视眈眈地想要从你的手中抢走你的客户：他们每时每刻都在提供热门的新产品和服务。

在大多数商业决策中，供应商们都在尽力使自己的服务差异化。客户的选择不断增加，客户忠诚度不断下降，因此每个行业都要应对其特有的挑战。美国经济学家约瑟夫·派恩指出，现在的客户希望得到的不仅仅是好的产品和服务，这只是最基本的要求，但还远远不够。

因此，假如你的商品或服务具有良好的质量，并且价格富有竞争力，最显著的差异就是你与客户进行的对话——对话就是关系。

• 以真实的情感来留住客户

成功的订单固然重要，但是，如果你在与客户交流的过程中只是盯着订单，那就相当于你在没有看到客户以前，客户是不存在的。仅仅是迅速地将目光从某人脸部扫过，绝不能称之为“看到了”他们，如果你想看到自己的客户，请认真地看着他们，并将他们看成独立的个体。

以下是一些错误的关键点，你可以对照一下，看看自己是否曾经犯过此类错误。

◆ 公司发起了一次“以客户为中心”的活动

实际上，开展这项活动，首先就是在告诉你的客户，你并没有以客户为中心，你的做法与初衷恰好背道而驰，否则，你根本无须开展此类活动。

◆ 你采用了面向客户的术语

你应该为此感到不安。使用这样的术语意味着，当你准备与客户交谈时，会匆匆摆出另外一张不同的脸孔。无论你与谁在一起，始终做你自己有什么问题吗？你已经有了一张面孔，而且相当完美。请随时以真面目示人。

◆ 你混淆了“产品介绍培训”与“销售培训”

你几乎没有给你的员工提供过如何进行对话的培训。他们本需要与客户进行双向的沟通，交流彼此的观点和感情，但他们却更愿意通过展销的方式介绍产品，尽管你的客户在销售的每个阶段都告诉你他们非常希望进行一场对话，而不是产品介绍或展销，但你的员工一想到要放弃幻灯片，就会面色发白。

◆ 你使用了术语“高效合作”，但你的客户却没有体会到这一点

“高效合作”往往只是一句行话而非行动，因此没有实际意义。现实工作中，企业里并没有分享什么是高效合作、高效合作如何使客户受益、高效合作需要怎样的条件或者在完成交易后如何保持高效合作。

◆ 你和客户之间关系的基础只是价格

“价格”这一基础非常脆弱，因为你没有与客户建立联系，没有获得与客户之间的感情资本，因此你与客户之间建立在价格或费用基础上的关系岌岌可危，如果竞争对手以更优惠的价格提供类似的产品或服务，客户就会离你而去。

◆ 你正在使用的是客户 6 个月以前提供给你的数据

如果计划与现实冲突，你将注定不会成功，因为你和客户的现实情况是在不断变化的，这会严重影响事情未来的发展态势，使形势更为复杂。现在，问问自己，你上一次向客户询问“自从我们上次谈话以来，有什么变化”是在什么时候了？

◆ 你说的话让客户离你而去

如果你提供的信息或市场营销材料中包括以下字眼，你应立即停止这样做——这些字眼低估了客户的智商，将他们当成外行人来愚弄了。

降低客户智商的那些愚蠢字眼
◎"当你自己的老板"; ◎"100% 免费"; ◎"即刻行动"; ◎"令人惊奇"; ◎"让你获得双倍收益(收入、满意、体重减轻)"; ◎"特惠条款"; ◎"自主理财"; ◎"你需要的信息"; ◎"独家提供"; ◎"保证满意"; ……

◆ 你几乎从不质疑你的客户

不管你销售什么,如果你认为客户的要求或想法是错误的,却从未提出过质疑,那你就永远没有机会与客户碰杯祝贺其业绩出色。无论你出售的是价值百万元人民币的解决方案还是儿童服装,情况都是如此。

若你纵容不良习惯、糟糕的选择、不良行为和有问题的决策,当你从客户那里收完款之后,你就只能照着镜子顾影自怜了,因为这可能是他们最后一张可供你支取的支票。

◆ 你依靠软件与客户构建"关系"

你投资了几百万元用于软件系统的构建,如果这个系统有助于你与客户通过对话进行信息沟通和人性化设计,能够加深与客户的关系,这样的投资是非常有价值的。但如果这一软件的主要作用就是一个存储客户资料的数据库,那么这份投资的回报是微乎其微的。因此,你应该考虑这样的问题:在你的计划中,是否为各具特色的客户留有一席之地?

如果你与客户联系,只是为了让他们购买你的产品,以使你有钱可赚、使公司成长的话,那么,他们便不可能与你深入交往——你只是将关系视为了达成目标的一种手段而已。

3. 学会关注个人，而不是关注利益

美国管理学家杰克·达拉斯曾经遇到过一位咖啡店服务员，他将她的服务质量评定为“少有的杰出”。

这位名叫丽琦的服务员善于通过牢记老主顾的喜好并为其提供心仪产品来与客户建立亲密的关系。杰克第一次来到丽琦的店里时，丽琦问道：“一杯还是两杯？”此时，杰克有些犹豫，对方立即再次发问：“一杯半怎样？”

“你可以提供一杯半？”杰克有些惊讶。

“当然！”

此后的几年时间里，杰克每次去她的店里，她都给他准备一杯半完美的咖啡。这种看似平常的要求是杰克在自己的人生中首次享受到——当他在其他咖啡店里这样要求时，他被毫无例外地告知：“我们的订单系统无法生成一杯半的订单，因此，我们没有办法满足您的要求。”

更出色的是，丽琦还会抽时间与每一位顾客亲密地交谈上几句，这让她面前的顾客络绎不绝。在忙碌的早上，那些忠诚的顾客们甚至会在她面前的收银台排起长队，而不愿意到其他同事的面前购买咖啡。

杰克认为，或许只有高中文化水平的丽琦并不知道切实地建立亲密关系的渠道，但是她的所作所为却在真实地践行着这一点。

你是否期望自己的公司在面临诸如气候变化、经营成本飙升、经济衰退等不利环境时，依然可以持续经营甚至是拥有更出色的业绩？除此以外，你是否希望在取得订单、增加利润的同时，还能与客户建立深层次关系？

如果你期望如此，那就从现在开始，从你做起，通过改变固有观念开始，逐层递进地对话，与客户建立联系，以便持续不断地赢得新业务。

- **深度聆听，真诚相待，才能做到“以客户为中心”**

请读一下表格中的内容，看哪些观念是你眼下所持有的？

有关客户关系的新旧观念对比	
旧观念	新观念
与客户建立真正关系的观念是不现实的。谁有时间与客户建立真正的关系?	与客户之间的关系是我最有价值的硬通货，一次交往就会使这种关系得到强化或破坏。
客户不需要这种关系。他们只是需要产品或服务。	客户希望我看到他们，并对他们的独特要求做出回应。他们与我之间的“对话”可能是他们今天所进行的对话中唯一有意义的一次对话。
客户可能让人厌烦。他们询问一些天真、愚蠢的问题，我没有时间也没有耐心详细叙述。	客户的问题让我意识到自己专业知识的宝贵。客户需要我的帮助。
销售过程中，我的工作是尽可能出售更多的产品，既然佣金跟销量挂钩，尝试说服顾客购买其并不需要的商品是这场博弈的本质属性。	销售过程中，我的工作是尽我所能为客户提供最好的服务。我希望销量大，我也希望我的客户成为长期客户，不断地从公司购买商品或服务。有时候，这意味着要对客户讲“不要买”。
客户从现有公司查询系统中得到答案，这是效率最高的方式。那种认为我们可以与每位客户交谈的想法是不现实的。客户太多了，我们根本无暇顾及。	解决客户过多这个美好的烦恼的办法，绝不是以令人烦恼的愉快语调告诉客户:“很抱歉，这不是我的能力范畴。”

若你认可左侧的观点，那么，你其实也是在认可它们的含义:

◆ 你即将或者正在给客户提供较差的服务，除非你提供的是独家销售的产品，否则，你的公司无法实现可持续发展；若你并非独占市场，那么，你的产品市场份额正在下降，只是你尚未意识到这一点；

◆ 你将面临资金困境，失去了情感资本，你将面临金融资本的缩减，以至于公司无法致力于新战略、新趋势的研究与创新；

◆ 客户将离你而去，抑或他们正在远离你；

◆ 你需要加大宣传，否则在互联网上，潜在客户将轻易地找到他人对你公司的负面评价，而他们则会依据这些评价，不再将你当成可选择的交易方；

◆ 你不会享受到工作的乐趣，不断地失去客户与市场份额，你会为此而感觉到心力交瘁，并会认为这份工作不适合自己。

的确，公司的销售增长是公司生存的关键，但你必须从自己做起，运用自我聪明才智，适用恰当的方式，使客户了解与信任你们的产品，并进而愿意与你们交易。

客户需要什么？
◎ 实现目标（如购买产品或方案）、解决问题； ◎ 激起自我学习热情，获悉一些新观点； ◎ 其他公司（最好是他们的竞争对手）在从事哪些相关业务； ◎ 在犯错误的时候得到提醒，并为他们指明一条最佳途径； ◎ 交易的结构和解决方案具有一定的灵活性和创新性； ◎ 合作方的利己行为与他们的最佳路径之间的偏差不要太大； ◎ 他们的情绪有人看见——有时候，他们只是需要跟人交谈，因为事情进展得不太顺利，他们经历了艰难的一天。

- **学会关注个人，而不是关注交易**

“联系客户”并不只是说说就可以，实现它需要相当大的勇气，因为其中可能需要包括相当程度的亲密行为。

怎样才能增加与客户的亲密度？最好的办法就是与他们进行对话，并在对话中带给他们从未有过的体验。不管你的团队从事的是哪方面的业务，不管对话是长久还是简短，你们与客户之间的对话都必须实现如下目标：

- 询问客户的现实情况：包括日程安排，工作是否愉快；
- 激起学习热情：了解客户的目标和需要；
- 处理好困难的话题：阐明下一步的工作，无论你要生产一台机床，还是制作一份建议书；
- 强化彼此间的关系：同时获得智力资本和情感资本。

由此，你便有可能与客户实现高效能的合作。

在最初的阶段，很多人可能会对这种想要与客户建立亲密关系的方式感觉不舒服，但事实上，那些毫无热情、仅仅沦为口号的“面向客户”或“以客户为中心”不会产生任何的效果。唯有真正的亲密关系——让人感到温暖、可靠、可信和熟悉的关系，才能将不利的客户关系向好的方向转化。

简言之，他们期望你不要像对待顾客一样对待他们，而是把他们视为活生生的人——这才是真正的以客户为中心。相比于拥有大量的专业知识，这种与客户建立深入交往关系的能力已经得到了多次证明：它们可以赢得顾客的忠诚，提升利润，让你的团队成为一片乐土——只有顾客愿意与公司做生意，员工才愿意为公司工作。

4. 利用开采式对话，深入挖掘关系潜力

你的公司致力于为顾客提供更出色的咨询服务。某一日，某知名公司的高层管理者上门来向你们咨询危机管理之道。当你的下属通知你这一消息时，你知道，这是一个绝佳的机会：若成交的话，对方将成为你们的忠诚客户，同时，你们公司在业界内的声誉也会大大提升。

因此，你亲自上阵。

当对方向你咨询，你们的危机管理经验有哪些时，你侃侃而谈，将公司开业以后接手的所有成功案例都一一摆了出来——但你分明看到，对方原本对你抱有期望的眼神慢慢地黯淡了下去。

终于，他起身告辞：“我们有机会再谈吧！”

从他毫无情感色彩的话语中，你知道，自己失去了这单重要的生意。但这次对话为什么失败了？

与客户对话时，有两个非常重要的方面：

- 积极主动的一面

积极主动的意思是，你的目标是销售，不管你销售的是产品、服务、计划还是创意，对话中的多数时间里，都是客户在听你说话。你要经常性地面带微笑，在语速轻快的同时，对自己谈论的话题充满热情。但是，你可能无法及时察觉客户对你的谈话毫无反应，或者根本就没有在听。

◆ 善于接受的一面

善于接受的意思是，通过提问与倾听之间的平衡，了解客户的议事日程。你所面临的挑战是：怎样有效地减少自己的讲述，集中精力去倾听他人的话语。

这就要求客户在讲话时，你不能只是被动地听，同时更要集中注意力，关注事情的实际进展。如果你没有仔细倾听客户的讲述，就无法提出恰当的问题，就不知道自己需要了解的内容。

许多人之所以错失机会，就是因为他们没有提取到可以获得最佳结果的关键信息。另外，如果你善于接受，适当地提出问题，有目的地倾听，会提高顾客的热情，增加他们在对话中的投入，很多顾客因为销售人员没有提出恰当的问题而离开了。

多数人——特别是销售从业者善于采取主动模式，成为倾诉者，但开采式的对话要求你具备上述两项技能，并能够在其间灵活转换角色。主动与被动相结合，可以让你有所突破，与客户真诚相待，进而提升与客户建立联系的可能性。

不管你的目标是达成一次交易，还是建立长期关系，“开采式”对话均可以帮助你深入了解客户的需要，而不是迅速做出假设之后滔滔不绝地一味推销。你要控制自己，不要急于向客户推荐产品或解决方案，切记，产品和解决方案本身没有任何内在价值，关系才具有内在价值。请记住，客户在做决策时，首先是感性因素，然后才是理性因素。如果你表现得冷冰冰的只关注成交与否，你就有可能失去生意。

在“开采式”对话中，你的另一项任务是放缓对话的节奏，以便查明对话需要如何进展，同时帮助顾客识别核心问题，与顾客一起找到最佳产品或解决方案。以下是开采式对话的步骤。

- **找出亟待解决的首要问题**

在你面对顾客时，你希望拿出团队最好的产品或解决方案，与客户集中精力进行讨论，但此时进行这一步太早了。你提出的首要问题应该放在目标上：“我们谈话的目标是什么？我们谈论的最重要的问题是什么？”在此阶段，销售人员最大的错误是向顾客推荐产品或解决方案，或者直接告诉顾客他们如何为其他公司解决了同类问题，得到了什么样的结果。

千万不要这样做！即使客户要求你提供解决方案，也不要急于推销。相反，要认识到你的使命首先是理解对客户而言什么才是最重要的，客户在什么地方遇到挫折，他们要得到什么，希望解决怎样的问题。不做上述工作，你根本无法知道何种产品或服务最适用于该顾客。

不要轻率地认为你知道对顾客而言什么是最重要的，放缓对话的节奏，回到他们试图解决的问题或希望获得的结果上，结果可能让你大吃一惊。

- **考虑客户提到的问题**

在此阶段，你的工作是识别出实际问题，开始确定你的公司是否能够解决问题，以及如何解决。对方可能存在许多问题，而你处理的那个可能不是真正重要或最重要的一个。因此，你应该考虑：客户提出的问题是表面症状还是根源？你的公司能够解决全部还是部分问题，或根本无法解决任何问题？

在这种情况下，也许会存在以下几种情况：

- 的确存在一个问题，一种解决方案；
- 只存在一个问题，一种解决方案；
- 我知道问题出在什么地方；
- 我已经有了解决方案；
- 我已经有了解决方案，而且我确信你遇到了难题；
- 即使你没遇到问题，这个解决方案也太酷了，你应该需要它。

很显然，这种情况往往会将你代入强迫性购买的角色中，让客户对你产生厌倦，不愿意再与你谈下去。

- **确定此问题对当前和未来的影响**

你要开始评估面前的“机会”了：

◆ 对你所在的企业而言，这是个切实可行的机会吗？或者，你应该拒绝吗？

◆ 是否有证据能够证明问题的存在，是确凿的直接证据还是零星的间接证据？

◆ 证据是如何确认的？

◆ 这一问题会导致怎样的结果，对企业有何影响？

◆ 对于刚刚描述的问题，要何时开始正式处理？

◆ 你对此感觉如何？

此时，你应向客户阐明问题的重要性：

◆ 相对于其他问题或做法，是否应该优先解决这个问题？

◆ 是否会产生足够的投资回报率？

◆ 必须考虑的“副作用”是什么？

◆ 解决这个问题是否会引起其他更大的问题？

◆ 谁负责解决这个问题？

试着撤掉解决方案，看看顾客是否在意。如果他们极力争取你的解决方案，证明你们接下来有更大的机会展开合作；如果他们对此毫不在意，你就应该知道，你们合作的机会可能并不大。

- **向客户阐明结果**

到目前为止，对话一直围绕着问题展开，清晰地界定问题占用了你们的时间和客户的情感，现在是时候放松一点了：向客户阐明理想的结果和详细的目标吧！想象一下，如果取得了理想的结果，会给客户带来什么样的改变，并观察客户对此抱有什么样的情绪。

接下来，如果双方都有兴趣和意愿抓住这次机会，并且客户已经确定，与你合作完成任务显然比他单独行动能创造更高的价值，你们就应该确定彼此的工作和下一步的部署。此时，你应找出执行过程中可能出现的问题。比如：

- 如何做出停止或前进的决策？
- 这样的决策涉及哪些人？
- 执行过程中可能出现怎样的问题？我们如何应对？
- 执行的时间点有哪些？
- 你希望何时再次会面？
- 再次会面时，还有谁会出席？

现在，客户已经发自内心地愿意倾听你的观点了，因为你们之间已经形成了真正的关系：由于你始终关注他的目标与问题，而不是自己的产品或服务，因此，你赢得了客户的信任。此时，再进行深入的探讨，将会让客户更快接受你的建议。

注意！当你与客户建立起关系时，你要问自己以下问题：
◎ 客户是否已掌握了应该了解的全部信息？ ◎ 你的竞争对手针对该客户做出了哪些行动？ ◎ 客户曾与谁会谈过？ ◎ 到目前为止，他是否对你的全部观点持肯定态度？如果答案是否定的，你必须做哪些改变？

你应该清楚这样的事实：你已经获得提出问题的权利——这是开采式对话经常被忽视的成分，这一成分会影响客户与你分享信息的多少，以及顾客的最终决定。

当然，也会出现不适合与客户进行“开采式”对话的情形。比如，当你从事的是日常快速、简单的交易时。在这种情况下，一个真挚的微笑，传递的就是你的尊重与可靠。

5. 做“可靠的朋友”与“优质的资源”

任何公司生存下来的本质都是“推销”，“推销”本身并非错误的信息，但如何推销却往往会造成千差万别的结果。因此，除了让自己与团队都熟悉并运用开采式的对话培训以外，你还可以借助以下辅助性的措施，帮助自己的团队成员与客户建立起温暖而富有成效的关系。

- **在各个层级中倡导直接的沟通**

太多时候，高效能人士过于热衷撰写权威报告、制作精美的案例研究和幻灯片，却不愿意与活生生的人进行对话，而这恰恰是决定组织未来的关键性力量。

某公司的高管李女士，她的员工往往会为了公司及其客户的利益，特意地与客户建立联系，而原因之一就是因为李女士不管是在面对团队成员还是客户时，总是会亲自与对方交谈，鼓励对方坦率地提供信息。不管对方讲什么，她都会专注地倾听。

李女士是一位工作繁忙的女性，她掌管着一个庞大的团队。若她整日留在办公室里看各种文件、参与各类会议，任何人都不会提出异议，但是她却从来不会这样做。她深知情感资本的重要性，这使她总是全身心地投入沟通中去，而她的客户与员工也承认，与她在一起时，的确能够感受到，她是在全心全意地与你交流。

有些高效能人士可能会误认为，与客户建立起关系是基层人员或是客服部门的工作。的确，这是他们应该负责的工作，但公司里的每一位成员，不管他们的职位或头衔如何，他们都应在某种程度上与客户建立起个人联系。

- **追溯 + 奖励 = 改进**

只要建立起了“追溯”与“奖励”制度，员工的工作自然会有所改进。如果与客户的联系对你而言非常重要，那么，你就应该实施追溯和奖励：对于那些成功与客户建立起了联系的人，你应该对他们予以好评，并对他们的正面行为进行积极的鼓励。

当然，组织内人人都希望成为高效能人士，期望自己的想法获得好评，期望“拥有”顾客关系。有这种想法非常正常，因为评价或奖励都是依据绩效得来的，而绩效与他们达成的交易或销售业绩又直接相关。但你应该让团队成员们记住：与关系相比较而言，交易或销售应该是第二位的。因此，你应该奖励或者鼓励员工致力于建立联系，而不仅仅是达成交易。

- **在员工中间分享信息**

毫无疑问，公司的每位成员都应该了解与客户构建深入、可靠关系的重要性，站在这一角度上来说，你应对自己所宣扬的观点身体力行，同时对员工类似的行为表示支持。

若你在宣扬“与客户建立关系”的观点中将自己的注意力完全集中在了财务记分卡上，未能关注、捕捉并强化客户们的体验的话，那么，你的团队将永远不会与客户们建立可靠的关系。更为糟糕的是，你将同时在客户与员工面前失去诚信——相信这是你绝对不愿意看到的情景。

你可以在团队中构建令人信服的信息分享机制，或进行一场“鼓动演说”，确保每个人都能认识到与客户建立联系的重要性。在开始演说以前，试着询问自己如下问题。

◆ 我们想要去哪里？

这个问题提供了一个描绘鼓舞人心的未来蓝图的机会，它包括了构建理想的客户关系。你可以从客户的角度回答这个问题，并趁着这个机会反思一下自己为客户做了哪些他们认为重要的事情。

◆ 我们为什么去那里？

除了想要赚钱、让组织生存下去以外，一定还有其他原因。想一下，还有什么是对你的公司、你本人以及你的客户而言意义极其深远的？

◆ 谁与我们同行？

这一问题为你提供了一个评估公司员工的机会，你可以趁机回顾一下员工的表现，并明确哪些员工具备与顾客建立联系并构建长期关系的能力。

◆ 我们如何达成目标?

这是一个强调、强化战略重点的机会：再次申请达成目标的过程，并将其中的要点反复强化——反复强调是使“建立深入关系”这一重要内容深入人心的关键途径。

● 利用“开采式对话”，深入挖掘关系潜力

你已经知道了开采式对话的重要性，现在，你需要做的是，将这一卓有成效的对话方式运用在重要客户的身上，并使这种对话方式引发多方客户的积极情绪——这种积极情绪会逐渐积累下去，然后突然对团队乃至整个组织的成败产生质的影响。

此时，做好你的个人行动计划就显得尤为重要了。

◆ 扩展你在早些时候草拟的那份客户清单

清单中包括那些给公司带来很少收入的客户，记下他们的名称，包括公司的名称和人名；记下给你带来障碍的核心问题和需要解决的其他问题；记下你与这些客户进行对话的最后期限，标出最具有紧迫性的对话。

◆ 召集公司中在沟通联系方面能力最强的同事

与他们分享客户需要但公司却没有提供的产品或服务的信息，让他们说一说怎样才能解决这些问题，听听他们的想法。

◆ 获得许可

如果你想为客户做一些超出正常先例或协议范围的“疯狂”事情的话，记得说服你的上司，征得他们的同意。

◆ 做足准备工作，不要照本宣科

如果你事先准备好产品介绍，并且，产品介绍里充斥着类似“解决方案”这样的行话，客户很可能会一去再不回头。因此，你应进入开采式的对话，“我们应该谈论的最重要的事情是什么？”“自从我们上次谈话以后，贵公司发生了哪些变化？”

然后，你要做的是认真地倾听——让客户主导对话即可。如果你的客户表现出了激动甚至是愤怒的情绪，感谢自己的努力吧！因为你正接近事情的真相，这对你理解客户的需求至关重要。

◆ 兑现承诺，投入营造关系中去

无论你对客户做出了怎样的承诺，记得一定要准时兑现你的承诺。如果你所在的组织曾经对该客户犯过错误，记得承担起错误，千方百计想蒙混过关，甚至是推卸责任，都会使客户再一次对你升起愤怒之情。

同时，你应放宽自己牢抓不放的价格，集中精力投入关系的营建之中去——从长远来看，你已经处于这种关系之中了，现在你要考虑的是：你还能够从哪些方面前进一小步？

你要记住，你所做的一切都是在构建或者破坏你在业界内的声誉，以及你与客户之间的关系。到底是构建还是破坏，这一结果取决于你。要知道，人们宁愿从他们喜欢的人那里购买较差的产品，也不愿意从他们不喜欢的人那里购买较好的产品。

与客户之间的关系并非达到目的的手段——客户关系本身就是你努力的终点与目标。一旦你让客户认为你是可靠的朋友、优质的资源，其他的一切自然会随之而来。

6. 增加个人魅力，增加深交的概率

如果你想要让他人有与你建立起深入关系的欲望，那么，你首先要让他人意识到你的个人魅力：这种可以理解为“综合素质”的能力，是对他人强大的吸引点，同时也是真正可以长期吸引他人的核心，魅力值高低，直接影响了你与他人建立关系的成功率。

美国前总统克林顿还是普通人时，他的身上就总是洋溢着一种亲切感与吸引力，这使得不管是男人还是女人，都喜欢围绕在他的周围，倾听他的话语，与他亲切地拥抱，没有哪个人比他所拥抱的人更多了。

他的握手方式也与众不同，他总是右手握着你的手，左手又拍拍你的

肩膀，使人感觉到温暖而又亲切。恰恰是这样的小细节，使他的谈话总是充满了诱惑力。只要有了第一次接触，他就会如同施了魔法一般，使人们喜欢上他。

所有拥有众多深入关系的人都拥有自己的独特个性，在他们的身上，总是会有一两个特征能够体现出他们的性格特征、个人吸引力和强大的魅力。这些个性并不会完全在某一个人身上体现出来，事实上，不同的人身上总是会有不同的招人喜爱的个性。

在以下能够帮助吸引他人的个性中，你完全可以依据它们，根据自己的性格、职业与生活进行组合性的运用，并最终使其变成自我影响力的一个重要方面。

- **智慧与创造力**

牛顿最广为人知的一段话就是他有关智慧与创造力的表述："我不知道我对这个世界而言意味如何，可对我自己而言，我只是一个在海滩上玩耍的孩子，高兴地时常有所发现——一块异常光滑的鹅卵石或一个异常可爱的贝壳，而在我面前的，是有待于发现的真理的大海。"

有创造力的人总是充满了活力，他们不允许自己的头脑被动地、不加质疑地接受，他们总会设法让自己保持强烈的好奇心，并将自己接收到的资讯再次组织成自己需要的内容——像孩子搭积木一样，有创造力的人是人群中最有影响力的，因为他们总是能让人看到事物的不同面。

- **敢于冒险**

所有的高效能人士——特别是商业领域的高效能人士——最大的特点就在于，他们敢于冒险。对他们来说，人生就如同一场未经开发的荒蛮之地，他们的目光永远盯着自己还没有到达的地方。

大多数的普通人之所以会一直平庸，关键就在于，他们更多地从他人那里吸取经验，而冒险者则不同，他们拥有勇气与魄力，愿意将自己从胆怯、懦弱、服从的思想中拯救出来，对于他们来说，独立、自主、自由应该与获得财富、努力拼搏相联系。也恰恰是因为这种联系，他们才拥有了更多打破常规、吸引他人的力量。

- **不可预料和可以预料**

这两点虽然相悖，但却又并行：如果一个人的生活过于容易猜测的话，那么，人们便会对他失去兴趣——这是人类思想中的奇特之处，我们对平凡无奇毫无兴趣。生活中，我们会认为，那些老实的人是可以信赖的，但是，我们从来不会敬仰这样的人。

我们只会对那些我们无法预料、总是做出出乎意料的事情的人表达敬佩，这与人类爱好神秘的天性是相契合的。比如，你在处理与工作、事业或与他人利益相关的事情时，总是有迹可循，这种规律的做事方法会让他人感觉你是可以预料的，他们可以从你固定采用的方法路径中得到安心感：将事情交给你时，他们能够预测到成功的结果，因此不必去花费时间担心“他会不会把事情搞砸”这样的问题。

不过，若你在他人遭遇困境时，总是能够给出解决问题的新方法；抑或你在娱乐生活中，总是带领大家找到更快乐、更新奇的玩乐方式，那么，你的这种不可预料性又将增加你本人的趣味性，大家会认为，你是神秘的、新奇的代言人，从而更愿意与你开展私下的交流。

- **善于使用肢体语言**

这点非常重要，因为人类总是会在无意间受到除了语言以外的讯息的影响。那些拥有影响力的人，总是非常善于使用肢体语言来表达自己的观点，他们的一举一动都在暗示他人：这是我的立场，我是不可驳斥的存在。

◆ 他们乐于使用大幅度的动作来吸引他人，如演讲家们大幅度地挥手；

◆ 他们总是挺拔而自信，更多的时候你会发现，你在仰视他们，而他们在俯视你——这与身高无关，完全是因为他们使用了正确的肢体语言；

◆ 他们总是能够使用正确的姿势来吸引你的注意力，有时候，在倾听他们说话时，你连一秒钟也无法分神。

以高超的演讲技术闻名的美国前总统约翰·肯尼迪最有力的肢体语言就是用手势来表现自己强大的气势：

- 将手臂与手掌从上往下压，表示“权威”与“有力”；
- 将手臂与手掌从下往上抬，表示“友善”与“温和”；
- 将手臂向两边伸展开来，手掌向上摆，表示“赞同”与“接受”。

娴熟而恰当地利用肢体语言的人，总是能博得更多的支持。

• 带有侵略性

人天生崇拜强者，而这些强者往往会具备强烈的侵略性：他们会在他人无意识间入侵他人的意识、私人领域。这些人懂得寻找自己的定位，并在情况允许时，表现出足够的操纵力。更重要的是，他们懂得如何在表现侵略性的同时，使自己与他人的关系保持恰当的稳定性。

这种侵略性往往会以极其自信又不会伤害他人情感的语言讯息出现：

- “我是这样想的……你认为呢？”
- “我感觉这样做很好，不过，你有没有考虑过另一种可能性，如……”
- “你的工作真的很棒，正如我所说的，你一向是很出色的，而且，如果你能将这里修改一下，这项工作就完美了！”

这种以建议模式出现的对话，意在影响他人改变原有观点或做法，但对方却丝毫不会认为自己受到了冒犯，而是很有可能会快乐地接受。

• 保持恰当的沉默

富有魅力的人最懂得的一件事就是如何去管住自己的嘴巴，他们从来不会企图与他人分享自己头脑中的每一个想法。没有人需要了解自己头脑中的每一个念头，但是，普通人却往往会在“说得越多越好”的错误指导下，将自己的神秘性彻底地破坏。

• 有修养

修养是个人魅力的基础，其他一切吸引人的长处均来源于此。真正有影响力的人不管自己面对的是什么人，他们始终会保持彬彬有礼的模样，他们不仅善于接受他人的赞美，同时还会关心与体贴别人、尊重他人的意见。同时，他们拥有良好的风度，并知道如何使用礼貌的行为将它们表现出来。

• 懂得尊重但又不随意表现崇拜

懂得尊重别人，是那些顶尖的高效能人士最有魅力的一个人格特征，但是，他们又懂得在尊重的基础上，保持自己的优势，这就意味着，个人要将“尊重”与“崇拜”区别开来。

如果你发现你身边有很多的人都值得你去崇拜的话，那么，你便很难被归纳为“有影响力”的那种人：正是因为自己能力上的不足，所以，你才会更多地去崇拜他人，而不是去让他人崇拜自己。

• 拥有品位

一个整天穿着到处是线头的衣服的人，很难说他是有品位的。品位不仅与优质的服饰相联系，同时也与自己的用物标准、行事准则相契合。若你是一个有品位的人，你可能会更多地表现出以下特点：

- 你更愿意选择有质量的经典服饰，而不是买更多无质量的时尚品；
- 你知道在哪种场合要穿着哪种衣服，而不是一套衣服行天下；
- 你知道在什么时候要伸出手来帮助那些需要的人，而不是只顾及自己；
- 你懂得一些艺术品的内涵，而不是只看热闹；
- 你对酒类有一些研究，并知道什么时候该喝哪种酒。

品位的衡量标准是复杂的，某个领域的专家或许并不懂得艺术品，但是他们对自我领域中的一切都可以信手拈来，这种专业度有时候也会被纳入“品位”的范畴之中。

有魅力的个性特征并不仅仅是上述几点，事实上，它们还有更多。如果你身边有魅力四射的人，那么，你完全可以向他们借鉴：他们是如何为人处世的，他们是如何表现自我的？你学习得越多，你在日后于潜意识中运用的概率便越大。

7. 通过问题讨论，传递恰当情绪

赵刚是一个非常聪明的人，常能够在他人还没有发现问题严重性的时候嗅到危险的气息，但是，他在反映问题时却表现得十分低效。

一次，赵刚的公司在运作上出现了困难，老板大发雷霆："大家都有什么点子，赶快发言。"大家一个个绞尽脑汁地思考，赵刚的大脑也在不停地转动，并在脑子里给自己想好了一套说辞。可是，当轮到他发言时，他却再一次头脑一片空白："我想，前面几位同事说得都不错……"

接下来，他花费了长达五分钟的时间去分析他人的主张。不耐烦的老板打断了他的侃侃而谈："怎么总是说别人的意见？你的意见呢？别人的意见对不对，我会判断，我想听的是你的意见！"

赵刚立即有些结舌了："我……我……"老板大怒："你在这儿工作了这么多年了，怎么连自己的想法都不会表达？从明天起，你就重新回到基层吧，好好锻炼锻炼！"

你可能身在职场许久，但是却依然不懂得如何将自己看到的公司管理方面的隐患向上司反映；也有可能，你懂得积极地反映问题会给自己带来更多的关注度，但是当你真正去做的时候，却发现自己因为表达能力上的欠缺，而导致反映的问题非但没有得到他人的重视，反而让他人视自己为麻烦。

赵刚的失误在我们身边屡屡出现，这些不懂得表达自我主张的职场人士，往往会陷入这样的困境中：他们或是有话说不出，或是根本不懂得怎样才能正确地将自己的主张阐述出来。就算他人的意见与自己的认识相背离，他们也往往会因为沟通能力上的欠缺，而不懂得如何正确表达出自己的意见。更有甚者，为了保持与同事间的和谐关系，他们不敢也不愿意将自己的相左主张表达出来。

工作过程中讨论棘手问题或商量复杂事情的时刻在所难免，彼此有相同或者不同的意见与观点，都是非常常见的。你需要知道，这些观点与主张的交流，是思想碰撞、火花迸发的重要来源，同时也是个人竞争力的重要来源：越是能够正确地表达自己的主张，你能够传递给他人的恰当情绪也就会越多。

如果你现在并没有掌握这种技巧也不需要担心，以下是一些能够帮助到你的、切实有用的方法。

● **表达相左意见时**

当发现自己的观点与他人的观点相左时，你往往会需要更多的技巧来帮助自己做到既不伤害别人，又能正确表达自己。

◆ 使用缓冲性语言

在思考他人观点与证明自己的观点时，你应该添加一些用来缓冲攻击性的语句：

◆ 我想你的意见是……

◆ 我理解你的意思是……

◆ 你看问题的角度很新颖……

◆ 我欣赏你的观点……

你需要注意的是，在交流意见的过程中，你应尽量避免使用“但是”，因为一旦你说出这个词语，对方便会知道你想要反对他的想法，在防御思想之下，他们会马上本能地进入防卫状态。

◆ 先表达自己认同对方的部分观点

从对方的话语中先找出你认同的地方，并加以赞许，会让对方知道，你在某些方面是与他相同的，这样的想法，会让他更容易接受你的意见。

◆ 委婉地表达出自己的担忧

对你不太认同的地方，你应这样进行表述：“有关……我有些担忧……”

此时，你可以将对方意见中有可能引发后续问题或者可能会有疑难问题的情况讲出来。

◆ 讲出自己的方案

你应按“表达观点——提出证据”的方式，将自己的方案具体地阐述出来。

◆ 看对方的反应进行具体的反馈

如果对方听了你的讲述以后，似乎对你所提议的一切并不满意的话，你可以采用“自我建议价值”的弱化，并向对方指出，你的建议可能并不成熟，而且你也期望从他那里得到意见。

如果对方没有反馈，但好像是在思考如何才能完善自我想法时，你应采用“强化双方利益一致”的策略，向对方指出，若可以将意见结合，再加上新的想法，方案或许会更好。

当然，这些只是一些基本的表达主张的思路。想要让自己的表达更加切合实际、更能够被对方所接受的话，我们还需要根据不同的身份、性格、工作风格与所处场合、两人关系的亲密度来进行确定。

因为工作需要，你很有可能经常性地与团队成员针对某个问题进行讨论，在这种讨论中，你既要表达自己的真实想法，更要顾及他人的情感需求。因为自我主张的攻击性过强，只会引发对方的反感；而不明确的主张表达，又无法达到引发思想火花的目的。因此，学会明确而决断地表达出自己的主张，并将自己的建议与工作上必要的事情让对方知晓，以达到沟通中的积极情感交流，便成了你必须去努力学习的一项建立更深入关系的必备技能。

7

第七章

传递情绪能量，实现全员参与和包容

很多高效能人士发现员工在团队建设过程中并不积极，此时，就需要高效能人士将自己的经验与特质传递给整个团队：你需要通过自己的努力，构建起一种积极的氛围、一种善于承担风险与责任的团队文化。在这一过程中，你需要实现满含正能量的积极情绪传递，从而塑造出一种全员参与、相互包容的团队氛围。

1. 立足工作关系，处理好压力

你的职业生活往往会受到人际关系的影响。来自同事、下属与上司的积极支持，将会鼓励你更好地工作，而消极的、充满了敌意的联系将会成为关系中的累赘，使你有限的精力与热情被浪费。可以说，你是否能够搞定工作关系中的沟通压力，是自身在工作中能否施展拳脚的关键性前提。

丰田的精益式生产方式在本土实施时，曾经引发过底层员工的极度不满。该种生产方式试图使时间、人力、空间与能量等资源得到最有效的运用，从而杜绝浪费。以库存管理为例，若能够实施精益式存储，那么，公司将节约一年 1.8 亿元的财务成本。

不得不说，这是一项非常先进的生产方式改进。但令人遗憾的是，一部分工人在表面上对这项管理没有反应，但他们都在消极地抵抗该措施，在某些分厂中，甚至发生了从来没有发生过的汽车零配件丢失情况。

管理层调查以后发现，大部分人都是因为自身的利益受到损害才这样做的——精益式生产使原来 10 个人干的活现在 6 个人就能干，这不仅造成了现有人员的工作量增多，同时也使他们时刻担心自己有下岗的可能性。

随后，丰田董事会规定，所有的管理成员都要针对自己所在的小组进行反复的沟通，告诉他们为什么要进行精益式生产，这样做对大家的好处是什么。同时，公司还征求了大家的意见，对那些受影响的员工进行了妥善的安置。主管与各层员工之间皆展开了深入的了解与沟通——在了解了双方的需求后，员工们才得以理解公司的措施，精益式生产也得以广泛推进。

同事、合作伙伴、贸易伙伴、临时性助手……我们总是能够为自己的工作关系起一个恰当的名称。这些关系除了为你提供及时的信息、有价值的建议以及精神上的支持以外，还使你建立起自身交际优势，从而在组织周围形成更出色的能量传递力。

不过，一旦工作关系中出现了问题，你便会面临巨大的压力：丰田的压力来源于下属的不作为，你的压力同样可以来自同事的不合作。在这种情况下，我们便必须要做出有意识、持续的不断努力，以使那些对自身有价值的、积极的关系得到有效的维护。

从因为工作关系凑到一起的那一刻开始，你与工作伙伴们便已经展开了相互之间的评价，这些评价共同构成了关系的基础。

人际关系专家们发现，有三个因素对于营造关系有着重要的意义：

- 体格魅力：一个人的身体特征；
- 社会魅力：个人是否能够以友善的态度与他人进行交往；
- 工作魅力：个人是否能够并愿意帮助他人达成目标。

在上述魅力中，工作魅力往往对工作关系的牢固性有着极其重要的作用，而且，它也往往会呈现出专业化的迹象。最典型的“工作魅力决定关系亲密度”的直接例子就是人脉——现代社会不断强调“人脉即财脉”一类的财富论，但事实上，我们只是在承认“能力论”：有能力的人才能够营造起积极的人脉。

工作魅力在双方刚开始交往时往往很难做出评估，在评价关系发展过程中，每一项魅力都有可能会发生戏剧化的转变。不过，一项由美国耶鲁大学的人际研究结果中证实，不管在何种关系中，我们都乐于利用以下三种方法来处理自己遇到的压力。

◆ 避免谈论使关系紧张的人或话题

敏感的话题往往会导致关系的终结，当关系不重要时，这个办法很有用，因为它一般会导致关系的终结。

◆ 接受关系

一方或双方都知道这种关系不完美，但选择去维持它而不是急于去改变它。这是一个最常见的策略，而且对并不十分重要的周边关系非常有效。

◆ 直接处理关系

这种关系处理就可称之为情绪传递过程，而且当关系的确对你很重要，或者它对你将会非常重要时，它是最好的策略，而且，你也将愿意投入时间和精力以有效的方法去改变关系。

在明确了三种不同的关系处理方式后，我们便需要进一步针对有问题的关系展开深入地探究。

● **选出你需要沟通的目标**

在工作关系的沟通中，你需要明确自己的工作关系缺陷在何处。

组成工作关系的六大方面
在正常且积极的工作关系中，以下六个方面聚焦在一起，组成了极佳的工作关系： ◎ 关系的宽度：参与者相互之间自由讨论的话题范围； ◎ 关系的深度：你向其他人表露情感的程度； ◎ 对具体任务的共同了解：你与对方如何一起为做好普通工作打好基础； ◎ 友好或敌对的态度：你对对方有怎样的积极或消极的情绪； ◎ 感情的强烈程度：你对别人有怎样强烈的感情； ◎ 相对的地位：你们是平等的还是上级与下级的关系。

表格中六个方面中的每一个方面，对你的工作关系都是至关重要的。当你想到重要的关系时，你应当能够确定：

◆ 在这段关系中，令我们双方都满意的因素有哪些？

◆ 我想要改变的是什么？

一旦你确定了你将要改变的因素，就回忆一下在每个方面的一些例子。让你的例子越具体越好，但务必把重点放在行为上，而不是放在个性上。比如，当你讨论关系的宽度时，你应明确地表示："在上个星期，我们讨论了有关新方案的设计，你为我提供了大量的意见，但是你没有告诉我你最终的方案意见是什么。"这样的询问要比"你说了那么多，你的重点是什么？"一类的质疑好得多。

- **为自己设计一个好点的约谈方法**

预先计划好一项关系沟通是很困难的事，特别是当你的地位高于对方、你手中的权力比对方更大时，告诉对方："我想和你讨论一下我们之间的关系。"这样的话语往往会变成一种惊吓。对方很可能会胡乱猜测："是不是我哪件事情做错了？""难道上司要炒我鱿鱼吗？"可是，过于简单的"下星期一我想见你"又会使对方感觉到焦虑与困惑。

因此，在约谈时，明确而简单地说明你的目的将会对平稳对方的情绪有着极大的帮助。你完全可以这样告诉他："下星期一，我想针对 ×× 公司的方案与你讨论一下。""如果你方便的话，我们在晚上一起吃个饭好吗？最近工作太累了，我们都需要休息一下。"

- **选择一个更好的场合**

开展工作关系的沟通时往往需要格外地敏感。在对方无拘无束地开始交谈之前，你应格外谨慎。那种在工作大厅中展开的沟通无疑对你是极为不利的：他人的旁听其实也是一种参与，当你需要对方退让时，因为有第三者的强迫参与，对方很可能会变得更加谨慎，从而不愿意与你展开讨论。

你应选择一个比较隐蔽的地方，在那里，你们的交谈不需要担心被他人听到。办公室、会议室也不是最好的场合，这些地方太过正规，会使双方的自由交谈受到影响。餐厅里的独立包间、咖啡店是不错的选择。

- **确定你关心的事情**

当你们真正坐下来针对某事展开讨论后，你应尽快让话题远离寒暄——寒暄的时间太长，会使对方困惑。在确定你所关心的事情后，举一两个你想要说明的例子，并等待对方的反应。

在对方讲话的过程中，你要静静地去听对方的想法与建议。当你能够肯定双方都理解了彼此的观点时，再提出一项工作协议，从而在解决重大事件的过程中，保持双方关系在积极稳定的氛围中稳步发展。比如，当你的下属要求参与关键性的决定，而你又需要他执行你的指示时，你应向对方提出有效的建议：

“我知道参与决定对你来说很重要，而且我意识到有时候很难预料我是否有时间与你进行讨论。让我们尝试一下这种做法：当我没空与你商量时，我会使用关键字‘紧急’，这样你就会明白它必须不经讨论就处理好。如果你不能肯定，你可以问：‘这件事紧急吗？’你觉得这个方法怎么样？”

在双方达成协议以后，你应更好地结束该次典型的工作关系沟通：“感谢你来见我。我珍惜我们的关系，并感激你愿意和我一起工作。我期望在这个月底能够再见你一面，并确定这一计划是否取得了我们预期的结果。”积极的结束态度将会使你们的关系进一步加强，令双方更容易在一起工作。

2. 借助“情绪传递力”，实现氛围转变

如果你正在领导一个团队，或者身为团队中的一分子，你一定可以感受到“情绪传递力”有多么正确——事实上，它几乎是普遍存在的！

你经常在清晨走进公司的时候，发现一种不同寻常的团队的“味道”。“嗨，今天大家不怎么兴奋？”你感受到了，许多人的眼神充满沮丧，做事也慢半拍。“还不知道吧？公司的股票下跌了，损失惨重。”“喂，老板卷款逃跑了，我们事实上已成为失业者！”

类似这样的坏消息，它在一瞬间让团队成为消极的集体，毫无创造力，你置身其中，会感受到那种苦涩的具有强大传染性的气氛。

这种传染性经常还会是相反的。正面的，如当你懒洋洋地走进公司，正想趴在桌上小睡一觉，因为昨晚你打了通宵的电子游戏，身体疲惫极了。但是你无法这样做，因为所有的人都在拼命工作，他们比你早来半个小时，现在已经进入了一种拼命向前冲的工作状态。“嘿，你还站那儿干什么，快过来看看图纸！”

此时，相信你立刻就像被浇了一盆凉水，你清醒了！马上变得像他们一样兴奋，融入团队的积极氛围之中！

是的，无论是积极还是消极的氛围，它都会改造人，而身为高效能人士的你，最重要的就是学会这种引导人、改造人的氛围营造能力。值得注意的是，这种氛围营造能力往往源自个人的情绪传递力，而个人情绪传递力又需要从舍弃“不擅长”的事物开始做起。

- **必须有舍弃“不擅长”的事物的决心**

在营造情绪传达力时，最重要的就是接受来自他人的批评指教，如何处理被多数人一再指责的“缺点”和“不擅长的面向”。而可供你使用的方法其实很简单：“在只要稍微努力就能提升成绩的方面随时留意改善，但尽量不要花太多时间，或者有意放弃一些东西。”

举例来说，假设被指责的点是不太懂得和初次见面的人沟通，那么你至少也应努力克服最基本的难关，如练习笑容，或者反复练习较常出现的社交情况，可是千万不要试图做到才第一次见面就紧抓住对方的心的地步。

另外，指责你在某些领域不擅长的人，通常是对该领域很擅长的人，所以他们完全不能理解你为什么会对那个领域没有办法。也因为如此，他们会以为只要稍加努力，就能提升成绩，而对别人多管闲事。不过，如果很多人指责的都是同样不擅长的领域，就表示该领域对我们来说，投入再多的追加成本，能得到的报酬可能还是少得可怜，意即所谓的“不可靠近的危险地带”。

对于这种“危险地带”你反而应该要提高警戒才行。要是搞不清楚状况，把原本应该要投入擅长领域的时间投入危险地带的话，非但无法创造成效，还会让人觉得焦躁难安，所以你应竭力避免。在此基础上，你需要做到以下两点：

- 把时间——也就是所谓的努力——分配到擅长的领域；
- 将不擅长领域视为“必须承受的风险”，勇敢地放弃吧！

● 将不希望回答的话题带往自己期望表达的方向

管理者难免会有需要向员工下达命令或是接受员工咨询的时刻，在这些时候，难免会有一些不合拍又很难回答的问题。此时，你应针对自己想表达的意见事先做好准备，同时，在遇到令人难堪的问题时，一旦抓到可自由表达的机会，就一定要勇敢地把话题带往自己想表达的言论。

这并非消极地回避下属们所提出的问题，主要是因为员工们所提出的问题，不见得是双方进行沟通时最佳的问题，有时他们可能会提出不怀好意的问题，或者为了得到想要的答案而抛出诱导性的问题。这种情况下，如果能不着痕迹地选择自己想回答的问题，明确说出自己想要表达的意见，才算是具有情绪传达力的沟通模式。

面对媒体的应对方式，当然也可以运用于平时的沟通。重点是不要局限于对方提出的问题或世界观，不要对目光短浅的争议做出回应，而是要把自己和对方的世界观互相撞击，思考要采取什么样的沟通模式，才能：

- 通过双方的沟通产生成果；
- 让双方同时拥有具有建设性的结论。

此外，还有一个重点，提出自己的主张时，不能只从主观的角度出发，即使要反驳对方的主张，或者说明的最新信息，也必须站在客观的角度，利用会说话的数据，让对方知道在他们的理解和价值观之外，还存在着其他的看法。如果不这么做的话，永远只会仁者见仁、智者见智，双方的讨论将永远只是两条没交集的并行线。

• 经常意识到个人“影响范围”

如果想要更深入了解如何对他人产生影响，你就有必要了解一下“影响范围”的思考模式。这种思考模式简单来说，就是思考在自己关心的空间中，自己可以发挥出多大的影响力；或者一旦把关心的重点摆在被他人控制的地方，将会累积多少压力。

换句话说，自主型的人会尽可能把关心的重点集中在自己的影响力可及的范围内，而反应型的人则会把焦点放在诸如他人的缺点或周遭的眼光、行为等自己无法掌控的地方，后者的生活方式会在接收到的反应不如自己的预期时，累积各式各样的压力。

为了能巧妙地生活于压力适当的情况中，就必须让自己做的每件事都不是无用功。也就是说，你要让自己的努力用具体成果展现出来。如此一来，周围的人会表现出感激，自己的自尊心也可以获得满足，形成一种循环。然而，如果把你的成果交由旁人打分数，将会导致关心范围不变，但是影响范围却缩小了，很容易产生无力感，丧失努力的原动力。

因此，首先你应把精力投注在将关心的焦点移动至自己得以影响控制的范围内，再利用先前为大家说明的媒体训练手法，巧妙地发挥你的影响力，使他人感受到你的情绪能量。

• 尝试着反问：“既然如此，你觉得这么做如何？”

为了使积极的情绪进一步传递到对方的身上，你便一定要清楚了解对方，也必须了解自己，同时考虑到双方的思考模式后，提出具有创造性的建议：“既然如此，你觉得这么做如何？”自此才能算是真正发挥了情绪能量传递与想法传递。

情绪能量传递与想法传递的行为就跟挑食一样，很多人会觉得“以前没做过，所以不敢尝试”。事实上，只要反过来思考就会明白根本没什么好怕的。当对方提出具有建设性且简单易懂的方案时，我们绝不会断然拒绝，反而会认为对方帮我们考虑到自己没顾虑到的地方，是一件值得庆幸的事，马上想举双手双脚赞成，反之亦然。

只要对方不是心胸狭窄到目光如豆的人，对方应该也会觉得面对一个有话直说的管理者是件庆幸的事。

举例来说，当我们在选择下属或合作伙伴等往来对象时，通常会有“仔细挑选一个顺眼的人”的想法。因为无论是下属，还是有可能深交一辈子的合作伙伴，其实都是从无数的候选人中选出来的。在这些人选里，从建设性的沟通角度而言，有些人可能无论如何都跟你合不来，也有些人可能是只有被动的反应。若勉强自己跟这类人交往，就算关心的范围再大，你也无法将积极的情绪传递给他们，只会持续增加彼此的压力罢了。

正因为如此，你必须明白：情绪能量的传递范围并非万灵丹，因此，你应具有看清自己要努力到何种程度，超过哪个程度就要放弃的能力，其实，这也是一种情绪传递能力。

3. 以行动告诉每一个人：我在这里！

虽然你已经很清楚地与他人确认过工作的截止时间，但你依然无法避免出现这样或那样的问题。人们越来越忙碌，这使我们常常会被突如其来的事情阻碍：一位同事未完成在他职责范围内的个人工作；个人突发事件（孩子生病、家中的狗受伤等）使得团队中的主要成员突然无法正常工作。

有些时候，则是因为身为管理者的你分配了过多的工作，致使他们无法有效地处理并完成全部工作。在截止日期到来的时候，看着他们给出的理由与借口，你失望至极。但问题是，当类似事件发生时，你下意识的反应往往是：“我想知道谁该对此负责！”此时，你得到的也往往是下意识的回答：“不是我！”

公司董事长，一位威严至极的男人，板着脸走入会议室中，坐在他专属的大椅子上，沉默了两分钟后，站起来，对着已经被畏惧情绪包围的管理层咆哮道："我想知道，若我们派一位成功的商品经理到一个正在苦苦支撑的地区去，但经过一段时间的努力以后，事情却毫无进展，到底谁应该负责？是这位经理还是派他去的人？"

换言之，他在问，谁该接受他的愤怒，并因此而受到责备？此时此刻，包括你在内的55位高效能人士，这间公司未来的领导者们，尽了自己最大努力缩成一团，好像这样就会使自己消失在他的视线范围之外一样。

为什么会产生这样的情况？原因很简单：多数人都将责任感与责备、过失、应负责任、犯错误联系在一起，甚至认为，责任感是"谁最有可能被解雇"。这就难怪在听到"谁对此负责"这样的问题时，没有人愿意举手了。而提出这样的问题时，也反映了我们认为他、她、他们做错了事，应该对我们负责！

责备似乎是人们的天性，我们习惯为错误找借口，而这样的借口往往是：

- 它必须发生；
- 它不是因为我们而发生的。

责任感不管对于个人还是团队环境，都是至关重要的：个人责任感所产生的长期收益会对我们的生活质量产生极大的影响；团队是否能够得到发展、是否能够获得长久的盈利与其员工所表现出来的责任感直接相关。

但是，美国最著名的管理咨询公司"圆桌集团"却以调研证实，他们所调查的、多达132个管理团队中的80%，其责任感的得分是"不及格"或"差"。为什么提升组织中责任感的努力如此无效？

答案很简单：身为高效能人士的你我都在忙于寻找有责任感的人，而忘记了要去看一下自己的表现，但这才是我们最应该检查的地方：强大的伙伴关系需要你了解需求、阐明期望、协作解决、履行承诺——而其关键前提就是，在面对挑战时，学会以不掩饰、不回避的态度问自己：“我要做些什么？”

- **以行动告诉每一个人：我与你们为伴**

美国版《无间道》中，杰克·尼科尔森在影片一开场，便以一贯的强横口吻说道：“我不想去适应环境，我希望环境适应我。”

虽然他所扮演的并非正面光彩人物，但他的观点却非常正确：环境与个人的一切紧密相关，事实上，环境恰恰是你在施加影响以后的产物。

身为团队的带领人，你应该意识到，个人的成长并非易事，这也是你需要果断地塑造积极的工作环境的原因所在：只有你让其他人意识并感觉到“我在这里”的氛围，并让他们感受到你的行为方式，他们才有可能在你的团队内快乐地工作与生活。

如果你打算在自我团队中推行优势责任感，你可以采取以下举措：

◆ 与你的每位下属规划并实施“开采式”对话

让他们知道，你们双方在对话过程中会谈到最重要的事情。记住：对他们提交的问题，要问清他们在其中起到了什么作用，但不要给出建议。

◆ 进行时间安排

列出每天早晨或每周一次团队短会的日程计划，确保对优先顺序和时间安排达成一致。如果团队内有无法搞清楚重要程度的人，告诉对方：“这是应该首先考虑的事。”给他留出时间解释说明。

在没有最后期限的情况下，人们往往不愿对其行为负责。因此，另一种比较好的沟通方式是：“我希望你可以在周四以前完成。我们会在周五上午检查。”

同时，向每个人清楚地说明，他们的“待办事项表”中的优先次序是如何排定的。当你的同事向你发问：“我不明白为什么自己应该按着这个日程表来工作。我不明白到底什么是底线？什么是最重要的？我们要首先解决什么业务问题？这样的安排会产生怎样的影响？”仔细地回答上述问题，将有助于提升他们的责任感。

一周结束后，在团队的会议上，请每一位成员做工作简报，汇报他们已经完成的工作与未来一周的具体工作计划。

◆ 只鼓励正面而积极的行为

当有人表现出“我的落后是由于他人的原因造成的”一类的倾向时，你应及时地制止：“我认为你完全了解，在这个问题上，你其实是负有全责的。”并在下一句对话从他们无法做什么转移到他们可以做什么上。鼓励人们进行他们所需的内部对话，以取得更好的绩效。

当工作完成以后，在团队会议上，充分地表达自己的谢意，感谢大家在重重困难之中圆满地完成工作。

如果有人落后了，你则需要在团队会议上，在每一个成员的面前询问他：“你将采取怎样的计划赶上来？”而不是单独召集那些经常无法完成工作的人开会，并指责他们——具体原因我们在之前已经阐述过了。

● 从自我做起，塑造起更佳的责任感

如果你刚刚开始练习优势责任感，那么，你应该先完成自己承诺要完成的事情。如果你在最后期限到来以前还未完成某个分配给你的项目，但你却对团队成员们谆谆教导：“好好干！负起自己的责任来！”那么，别人未必会听你的。当你没有塑造好自身责任感时，就不要指望他人承担责任。

以下是一个优秀的行动计划范本。

◆ 与自己进行一场优势对话

你的目标与采取的行动都要具体而明确，因此，你应常常询问自己以下问题：

①我在为员工和家庭成员塑造责任感方面做得如何?

②我的受害者清单上列举了哪些内容?

③当工作进展不顺利的时候，我经常采用哪些原因和借口?

④我的做法给我周围的人带来什么影响?

⑤我到底赢得了什么?

◆ 塑造责任感，并寻找支持者

不管在何种处境下你都要讲真话，在全部的对话中，你都要格外注意让自己做到诚实守信。

在塑造责任感的过程中，你应为自己寻找到支持者。没有他人的支持，你很可能会对这种彻底的个人责任制坚持不了多久。在寻找到支持者的同时，告诉他们，如果看到你采用了消极的方式，请他们及时指出来。

◆ 你的职业生涯取决于你自己

若你认为自己的职业发展与晋升是由上司决定的，马上停止这种消极的想法！个人职业生涯的发展情况完全取决于你。你应了解自己对职业发展的渴望，并询问自己："我擅长哪些岗位的工作？"

在当今环境中，由于很多企业热衷于采用更先进的技术，因此，你一定要充分地利用好自己的那些可转移技能，同时思考一下："我在哪个职位上的表现可以比现在更出色？"公布你的目标，同时请大家如实反馈。

当然，你的上司也会影响到你现在的职业生涯。如果你的上司不支持你的工作，你应询问自己如何才能另辟蹊径，好让他可以全心全意地支持你，以使你更好地开展自我工作。

你可能并未意识到，这个世界所有的进步与发展，完全取决于作为个体的我们的进步。从精神层面上来讲，我们所想、所感、所做的一切，都会对他人产生积极的影响，而我们给这个世界带来的影响，其持续程度甚至超出了我们的想象。可以说，个人的责任感是整个世界进步的基石，因此，只有当你重视自己的工作与生活、重视自己身边的人，并让他们意识到你无时无刻不在他们身边予以支持时，他们才会有可能在你的支持下，成就一个更有效能的团队。

4. 依托主流阶层，获得情绪意识的流行

个人情绪能量的提升所依赖的是个人主观意识上的成长：个人的主观意识得到调整，提升情绪能量便能成为现实。但组织情绪能量所依赖的，是组织中的"主流意识系统"。这种主流意识系统在很大程度上受到组织中的权威人士、

权力凝聚层的个人意识影响。

从这一事实上来说，组织情绪能量的成长，需要建立在组织成员在意识上普遍能够接受与融合不同看法的前提下。需要注意到的是，在组织中存在不同的个体，每一个个体的意识都有所不同，他们彼此作用、彼此影响。高情商组织恰恰是在这种不同个体间的“求同存异”中，形成集体高积极情绪能量的。

如今的管理学家们在研究蓝色巨人IBM时会误以为：自成立以来的大部分时间里，这家公司始终处于一帆风顺的状态。但事实上，对于这家公司的缔造者托马斯·沃森父子来说，情形绝非如此。

老沃森所强调的，是对他个人能力的极端自信，以至于他在面对任何困难时，都认为只要自己有自信，就能够创造出价值。这种自信使他旗下的员工深受其影响，其业务增长核心力量的销售人员更是深受其影响：老沃森使那些基层的人们相信，蓝色巨人因他们而成功，并永远处于支持他们的位置——他的个人口才是如此出色，以至于人们对他保持了高度的忠诚。

可是，小沃森加盟IBM后才发现，公司虽然以薪金极佳在业界出名，但是，公司的盈利状态真的不佳。依据于个人力量去独力支撑一个巨大的企业，其难度可想而知。而小沃森恰恰有他父亲所不具备的自知之明，他在企业内部不断地倡导自知的重要性，并不断地提拔那些对自我能力有清醒认识，并懂得如何控制与运用自我情绪的管理者。

当小沃森真正地接管IBM后，他身边的团队呈现出了多样化，其中，包括了他认为比自己拥有更多才华的人、他不喜欢的人——他比自己的阿达更清楚地意识到：受人喜欢的人并不一定有能力。

也正因为如此，小沃森得以从周围的人那里获得最直接、最真实的讯息，而他的用心也使IBM逐渐地发展成了一家真正具有高智商、高情商的企业——经济不景气的那些年里，无数科技类企业沦陷，而蓝色巨人依然耸立。

老沃森立足于自信，使企业变成了一个具有一部分积极情绪能量的企业，这种企业的缺陷在于：他们对那些不具备自信或者具备自信但没有良好口才的人才产生排斥，并最终造成人才与企业的分道扬镳。若任由这种情况发展下去，该组织的情商便会越来越低。

而在小沃森主导时期，IBM的主流意识系统容量不断地扩大，这使企业内部可以对那些不同的意见和不同的个体产生包容、接纳能力，而“求同存异”恰恰是使组织形成积极情绪能量、积攒更优秀人才的基础——在这种高情商下，企业的自我改变与自我更新也会更快到来。

耶鲁心理学家大卫·麦克利兰在生前发现，当研究者们将情绪能量与企业经营表现联系在一起时，那些拥有积极情绪能量的商业领导者远比低情绪能量领导者能够创造出更佳业绩。例如，积极情绪能量者所管理的企业，其企业平均超出年收益目标的10%~20%，而那些低情绪能量的领导者在管理企业时，其年收益却会比平均情况低20%。

因此，当管理者在企业内部强调建立起积极情绪能量时，必须做的第一点是，赢得高层的支持。

- **赢得高层支持**

高效能组织往往是先从树立“培养积极情绪”理念开始，理念不仅仅是力量，更是效益与管理工作的灵魂。作为组织活动中的重要哲学，理念是否存在，对于管理效率的高低起着重要的作用，因此，从高层开始树立新的理念，并进一步贯彻到实践中去，是使组织情绪能量获得提升的重要环节。

如果身为管理者的你对情绪能量并不感兴趣的话，你可以先深入了解一下员工流失率与公司的现状：

- 你所在的企业在行业中属于领先者吗？
- 员工为企业工作的时候，是处于兴奋状态吗？
- 当组织目标得以确立时，组织内的每一个人是否都感受到了积极的力量？
- 当组织遇到困难时，是否大部分员工都乐于为公司做些什么？

若这些对你来说都是负面的回答的话，那只能证明你所在的组织情绪能量极低。面对这种情况，你必须警惕：一旦竞争对手在这些方面有所行动的话，你很可能连维持现状都无法做到！

- **重视并积累以下经验**

大卫教授在生前曾经带领团队以微观的视角来研究领导力、情绪能量与组织氛围之间的关系。在观察了数以千计的高管、并对他们的特定行为模式对组织氛围产生的影响后，他们发现，在组织氛围中，如果管理者能够激励以下有关情绪能量方面的内容，那么，类似于销售额、成本效益一类的财务指数将会获得直线的上升。

◆ 灵活性：当员工的创意能够得到鼓励与赞赏时，他们会更愿意贡献自我才能；

◆ 责任性：当授权被积极地运用时，员工会感觉到工作变成了自我必须完成好的一项任务；

◆ 工作标准：当员工感觉到组织强调持续的创意以及高绩效时，员工往往会尽最大努力去追求成功；

◆ 激励性：当员工感觉自己所得到的激励与绩效相挂钩、自己的贡献获得了认可与表扬时，他们的工作动力将会更强；

◆ 明确性：当员工可以明确企业的目标与方向、自我责任与角色等内容时，个体将会更好地融入组织中；

◆ 团队承诺：当组织成员间呈现出相互的信任与帮助时，团队凝聚力往往会更高。

因此，在管理过程中，如果你发现某个部门、某个管理者表现出了以上出色的方面，你便应积极地利用组织管理系统中的经验积累，来换得高情绪能量经验的增长，并积极地将它们在管理层运用、发展起来。

当你利用上述两项内容，不断地促进组织内情绪意识的流行时，你应密切地监控整个组织的“情绪进展”情况，而最好的衡量标准就是：组织的绩效是否有所提高？员工行为是否有所改善？说到底，这两项就是对培养高情绪组织是否成功的关键检测标准。

5. 警惕："受害者"身份最易让人丧失斗志

“现代管理学之父”彼得·德鲁克曾经遇到过一位下属，他常常抱怨客户总是不回复他的电话，导致他无法完成自己的销售目标。最后，彼德先生说：“那就让自己成为电话能够得到回复的那个人！”

一开始时，这位下属对他的回答感觉到震惊、受伤与愤怒：他认为自己未能得到理解，但从第二天开始，他改变了沟通策略，客户开始回复他的电话，他很快就成了集团中最出色的业务主管——换言之，他做了不同的事情，是他改变了，而不是客户在改变。

这位下属其实已经陷入了“受害者”的思维模式中：在他看来，自己的失败是因为客户不回电话，而非自己做了错误的事情。这种“受害者”式想法在团队中往往很常见。

现在，来想一下这些问题：

- 你最后一次向他人致歉是什么时候？
- 你的形象比学习和结果更重要吗？
- 你是否曾经说过：“错误是否被造成了？”
- 你是否在某些场合不懂装懂，而不是承认你不懂？
- 你是否曾经责备别人没有给你充分的指导，没有为你提供成功所需的工具、资源和支持，或者你认为事情的发生简直就是不公平的？
- 你是不是某种程度上的风险厌恶者？

受害者思维的常见情形
"受害者"随处可见。典型的情形如下： ◎ 我没有得到晋升，因为他们把那个职位给了老板的儿子。 ◎ 我的能力远远超过他们刚刚雇用的那个傻瓜。 ◎ 倒霉！我被开了超速驾驶罚单，每个人都超速，为什么我会被逮到？ ◎ 我的工作负担太重了，我几乎无法全部完成。 ◎ 我的成长背景很艰难。 ◎ 我的丈夫是个寄生虫。 ◎ 这种事情总是发生在我身上……难道我的脑袋上写着"倒霉蛋"三个字吗？ ◎ 抱歉，公司并没有要求我们做到这些。 ◎ 世道变了！他们做这些的时候甚至都没跟我商量！ ◎ 这些年轻人根本就没有职业道德！他们认为工作与生活之间平衡才是正确的，这真让人愤怒。 ◎ 我的情况比你糟糕多了！事情超出了我的控制。 ◎ 我想他们吃定我了……不，他们确实是吃定我了！

为什么这些受害者模式如此相同？因为这其中有着奇妙的益处！受害者是轻松自在的——不是我，是你、是他们造成情况如此糟糕的。这让有受害者思维的人感觉到安全。

- **"证据清单"其实是"借口清单"**

每一个自认为是"受害者"的人心里都有一份"为什么我是受害者"的证据清单。这些理由或许并不总是正确，但他们却可以利用这些证据，证明自己成为受害者是正确的。

当你成为习惯性的"受害者"后，你会展示出以下特性：
◎ 撤退或攻击； ◎ 愤世嫉俗或吹毛求疵，产生"既然没有用，何必庸人自扰"等想法； ◎ 自怨自艾，出现"如果我能战胜自己的恐惧感，我怎么还会留在这里"等想法； ◎ 失去自尊感和自信心； ◎ 抵制变革； ◎ 刻意地指出别人的失败之处来证明自己的做法是安全的； ◎ 不求有功，但求无过； ◎ 事必躬亲，微观管理；

当你成为习惯性的"受害者"后，你会展示出以下特性：
◎ 注意力不集中，避开可能导致失败或犯错误的一切；
◎ 没有发自肺腑的快乐或兴奋，混世度日；
◎ 对"正确"的需求变得极度强烈，不惜一切代价让事情按照自己的方式进行。

受害本身并不是问题，问题是下一阶段中，你会开始搜集证据，证明自己在当时的情况下的确是无能为力的。这种辩护非常有诱惑力，以至于很多人喜欢为自己做出此类辩护。

比如，你的老板在电话中训斥你。你可能会反驳说："你知道为什么我的工作没有成效吗？你知道为什么我的人际关系有问题吗？你知道为什么我对自己感觉不好吗？这还不是因为你没有同情心，非要将这些过重的工作压在我的身上所致。"

这份清单很可能是正确的，但这并不重要——重要的是，它是你的借口，是你对事情的辩护，而其目的是帮助你避免责任，好使自己继续留在心理舒适区中。

• 停下来，思考一下，你有"受害者"思维吗？

如果有人问你是否认为自己只是受害者，你往往会果断地回答："绝不是！我是一个重要人物，我的公司认为我是非常具有潜力的人，这一观点供您参考。"好，现在停下一两分钟，思考一下你是否说过或想过下面的事情：

◆ 在这些预算的约束下，我们根本就没有办法顺利完成任务；

◆ 我的部门正在苦苦挣扎，就是因为战略存在缺陷；

◆ 我之所以落后，是因为存在如此障碍，使我无法获得前进的指示；

◆ 我们的行业正在遭受损失，因为实现盈利非常困难，竞争对手迫使我们加入价格战，而客户又对我们怀有诸多不合理的预期；

◆ 我们的问题是什么？是油价过高；

◆ 没有可以运用的合适技术，我们无法完成任务；

◆ 我有注意力不足过动症（主要症状为频繁而不自觉地走神），因此无法在这一项目上集中精力。

相对于男性，女性高效能人士往往会更多地在潜意识中认为自己是受害者。以下即职场女性常用的、对自我晋升形成阻碍的借口
◎ 高层密切的人际关系往往是在高尔夫球场上形成的，而我从不打高尔夫球； ◎ 我有一个幼小的孩子，无法每周工作八十个小时，因此我无法取得长足的进步； ◎ 公司有人正在密谋和筹划如何得到我渴望得到的职位，但我却不会采取这些策略； ◎ 坦白来说，为什么我需要这些所谓的升职？这些身处高管职位的人非常可怜，与此相比，我更希望好好地享受我的周末假期； ◎ 人们不听我的，因为我是女性。

不管你是男性还是女性，你都应觉醒过来：不要再扮演受害者的角色，更不要期望他人帮助你拓展职业生涯，而自己却被动地像个局外人。

- **让自己成为团队的文化与中心**

有些高效能人士在团队管理的过程中无法形成积极的情绪传递与影响，关键就在于他们不懂得如何去传递。他们甚至会抱持这样的想法："如果我能在团队里做到如此坦诚就好了，但我们的文化与高层不会支持这样的行动。"

但上述观点其实可以这样来表达："此时此刻，我选择不去做自己。我不愿意鼓起勇气、意志、技能、精神，不愿意成为焦点。总之，我不愿意做需要做的事情，不愿意讲需要讲的话。"

可关键问题在于，文化并非存在于团队的某种模糊不清的神秘力量——你与团队成员本身就是文化：当你们每一次走入办公室，拿起电话、发送电子邮件的时候，你们每个人的行为就构成了团队的文化。

一次坦诚或谨慎的对话就可能影响到公司的文化，你自身的成功或失败绝不取决于"文化"或"领导力"，而在于它们自身。既然你就是文化，你就要先行——那些伟大的变革、巨大的成就，其实都需要你将事情落实到位，并且从现在就开始。

当你能够真真正正地针对问题探讨对策以前，意识到"我所在的企业的进步，取决于我身为个体的进步"时，你便会渐渐地摆脱受害者身份，并进而激发起斗志。此时，工作取得成绩时，你会骄傲；工作出现问题时，你也会坦然地承认，虽然你已尽力做到最好，但这个问题依然是因你而起的——只有当你从潜意识中真正地认识到了这一点以后，你与你率领的团队才能进一步鼓起斗志，成为更富积极色彩的强有力队伍。

6. 利用更积极的态度，将人与问题分开谈

传递情绪能量的目的在于，在内部建立起积极的工作氛围，这就需要将团队成员的观点、思想、行为看成信息，将人际沟通看成信息交流的过程，这是工作氛围得以营造的关键一步。运用这种信息论，可以使整个工作氛围的营造得到极佳的诠释。

不过，一旦在同事、工作伙伴等关系中发生了矛盾，我们往往会忽视很多的信息。就如同卡耐基在《人性的弱点》中所强调的那样：我们能做到对陌生人友善，但我们在面对亲近的人时，却往往表现出苛刻的一面。

赵强与父亲一起开了一家小型工业公司，该公司专门供应各产业建设的高密度聚乙烯管线配装工程产品，有时候，他们也会承接一些相关的配装工程。例如：掩埋场、排水系统、高尔夫球场和入孔安装。

有一天，赵强接到了一家本地汽车制造公司入孔安装工程的大案子，一家人都感觉很兴奋。至少在看到这个案子的详细内容与规格以前，父子两人都非常兴奋。

赵强负责将设计图交给另一家工程公司制作，当对方将设计图完成时，父亲看了一下，并注意到了一个设计瑕疵。他嘱咐赵强一定要与对方进行联系，让他们做出修正。但赵强在接下来的几天时间里忙得团团转，以至于设计制造孔被按着错误的规格制造了出来，并被送到了安装现场。

在正式的安装作业中，赵强与手下的工人负责进行压力测试，不幸的是，所有的入孔都出现了泄漏——公司技术人员进行检测后发现，所有的入孔都不符合规格。这意味着公司有了一批残次品，但若公司想要在本地立足，就必须做好这笔大生意。

赵强与父亲当场就谁该对问题负责争吵了起来，赵强声称，自己是因为太忙而忘记了需要再次与设计公司校对样图的事情，而父亲则指责他从来没有做好过一件事情：“从小开始，你就没有做好过一件事情，你简直就是这个世界上最不负责的男人！你这样子，我们的合作怎么能继续下去？”

当着这么多下属的面被父亲这样批评，赵强愤怒极了：“你完全可以不这样做！”他甩手离开了施工现场，接连多日没有再出现在公司——后来，他再次回到公司时，告诉父亲，他要自己去做一番事业。

赵强很可能已经意识到了自己的错误，但父亲尖锐的指责使他无法承受：不管身处何种关系中，一旦批评、指责涉及了人身攻击，那么，原本并不尖锐的矛盾便极有可能向着崩溃的方向发展。

在处理矛盾的过程中，意识到合作关系的重要性是处理好矛盾的关键点：双方都必须认定对方是自己的合作伙伴，是对彼此有利又相互寻求公正地解决问题的方法的伙伴，从而将双方存在冲突的地方化解为可相互协作的地方。团队合作过程中，因为拥有长久关系需要经营，所以，你更需要以积极的态度去参与沟通。

在沟通的过程中，如果由于对方的一些小事而评价其整体，显然会对沟通本身造成负面影响。这就需要我们在立足客观事实的基础上，更妥善地进行沟通。

- **千万别忘记态度的影响力**

不管是在工作中还是在家庭中，抑或与朋友相处，你都需要将沟通看成一场游戏：关注它，但不要企图时时占据上风。

即使你与伙伴的关系刚刚受到了重大的打击，你也应该保持克制，使自己的情绪尽量放松。要记住：冲动的时候所采取的行动，往往会使你受到最大的伤害，而非理智的行为，更会给你带来严重的后果——它不仅有可能让你失去最好的朋友，更有可能让你与合作伙伴形同陌路。

我们应时刻抱有这样的心态：没有任何人与事能够激怒你，除非你自己想有所反应。就算是你遭遇了损失，你也应不停地告诉自己：“这只是一场游戏，我依然有取胜的可能性。”

- **不要对他人行为与动机妄下评论**

我们无法了解他人的内心，更难以窥见他人的思想，因此，在处理矛盾时，你往往很难确定自己是否了解他人的想法，就算对方是你的亲人，你也无法确定他对你是百分百坦诚的。更关键的是，在面对引发矛盾的事情时，有时候我们的确有责任在其中，在这种情况下，随口评价他人更是一件不可取的事情。

就算你必须针对某件事或者某个人进行评价，你也应确保它是经过了认真分析后展开的恰当评价。

一个女孩从聚会上回到家，晚上，她随口与父母谈道：“今天有男生想要教我们抽烟！”“什么？”父母异口同声地向孩子大吼，并马上严厉地责问女孩，她为什么会与这么坏的男孩一起参加聚会——事实上，女孩很可能只是第一次见到那个男生，抑或平日里根本没有什么交集。

这显然并非一个公开而坦诚的沟通，而这样的沟通最终引发的结局也可想而知。撇开当下的影响不谈，试想一下：父母会因为这种反应向自己的孩子道歉吗？不，他们反而会认为，自己在关心女儿，但女儿日后会有越来越多的小秘密不愿意与父母分享。

- **别只站在自己的立场上想问题**

在日常生活中，我们总会有一些与此相似却被人忽视的沟通开场白。

◆ 父母看着孩子的试卷说：“你每次考试都不及格，真是笨到家了！”

◆ 男朋友对女朋友说：“你怎么有这么多毛病？难道你在家就不能收拾一下东西吗？”

◆ 妻子对丈夫说：“你挣得这么少，真不知道为什么我要嫁给你这种废物！”

◆ 朋友之间相互指责：“你从来没有为我做过什么，我失恋了，你甚至连一个短信都没有给我发过！”

从以上例子我们可以看出来，发言者都是站在自己的立场上想问题的，他们对他人的价值取向、生活状态、生活方式进行了不公平的评价。

在这种情况下，你很容易将自己的关系内人员变成对手：你不仅伤害了对方的情感，同时也使对方颜面无存。更重要的是，你很可能就因为这几句话，使已经建立起来的互信化为泡影，最终使自己的利益受到损害。

● **使用缓和的语气，针对事情进行评价**

想要降低使长久关系受损的可能性，你就必须明确自己的评价方式：只针对事情与行为进行说明。若需要的话，你首先应该针对事情进行调查，在了解了事情的全部情况后，你需要更有效地说明。

在涉及双方感受的表达时，你需要做得更谨慎，将对话中的“你”变成“我”是一个不错的方法：通过“我”的表述，对方将明白，你所表达的只是你自己的感觉、反应与具体的需要，而不是在针对对方的行为进行负面的评价。

针对上面的例子，我们完全可以通过调整语气来使沟通氛围变得缓和。

◆“我很伤心你没有及格，我会期待你下一次的成绩。”

◆“我感觉如果在家里无聊又不想出去的话，你也可以收拾一下房间。”

◆“我们最近的财务状况有些紧张，不知道有没有什么方法能改善眼下的窘境。”

◆“前段时间与女朋友分手了，虽然已经过去许久，可是我还非常难过，如果你能多陪我一下，我会开心一些。”

在现实生活中，越是亲密的关系，发生对立、矛盾的情况就越多，这是我们发展关系过程中必然会遇到的情况。但正是因为人们的意见相左、矛盾重重，才使沟通有其必要性。需要格外注意的是，一旦我们能够更正确地运用沟通解决团队中的一些矛盾，那么，我们便能够让团队内的氛围变得更完美：在相互信任、相互协调的情况下，双方的需求在沟通中都能够获得充分的满足，而将人与事分开谈论，恰恰是获得这种融洽关系的最重要前提。

7. 让情感解决团队间矛盾

最近你所主管的团队接到了一项任务：与财务部门一起，对去年的账目进行核算，同时，制作出公司内部的损益表。你将这一任务委派给了得力的手下，并认为这件简单的工作难不倒他们。

可惜的是，才过了一个星期，你就听到两个团队因为具体的工作任务分配而闹得不可开交。你向手下询问，他们给出的回答是，财务部门偷奸耍滑，将原本属于他们的费力工作给了你的手下们，自己坐享其成。

事情真的如同他们所说的那样吗？合作必须继续下去，如何解决这一问题？你为此而烦恼不已。

公司中会有许多像你所在的部门一样的工作集体，就如同常见的办公室争执一样，公司内部各个群体之间的竞争或者合作，也必定会产生诸多的矛盾，导致你的团队与另一团队之间产生抵触乃至仇恨心理。

同样的，就如同部门内部的矛盾必然会在影响员工工作情绪的同时降低工作效率一样，部门之间的矛盾也往往会使公司的效能出现大滑坡。身为一名高效能人士，你不仅仅是公司部门内部的一名出色的工作人员，更是公司管理阶层内部不可缺少的一名成员，站在这一角度上来说，你不仅有维护部门利益的权力，更有保证公司效益的职责。因此，化解团队之间的矛盾，是你与所有的员工一样应该为公司尽到的一份义务。

在团队管理的过程中，我们不仅需要运用之前所提到的各种技能促进情绪能量的传递与增强，同时还需要注意到情绪能量交流的重点：我们要讨论的不仅仅是如何在合作中运用技巧，而是如何运用技巧去促进、改善关系。

我们需要确定的是，我们的生活永远都需要有关系的存在。在与外部合作的过程中，有很多人期望通过沟通从你身上得到更多的好处，以促进自我成功，但是在内部合作中，这种偏向利益的沟通模式很少出现——关系的提升对于合作双方都有美好而积极的意义。这也恰恰是内部合作与外部合作最大的不同：因为有了情感作为基础，所以内部团队问题的解决需要通过更柔和、更人性化的方式进行。

● **明确问题的根本所在**

当你发现自己的大部分员工对某个工作团队产生厌恶情绪时，你最好毫不松懈地做一些调查工作。这其中包括证明以下内容：

- 这类厌恶情绪是否存在；
- 它们是否在员工中有一定的普及面；
- 这种情绪是针对某个集体的还是个人的；
- 这种情绪产生的时间，以及产生这种情绪的直接导火索；
- 以往所有可能牵涉进来的一系列事件。

当你掌握了第一手的资料之后，不妨找你的同事——另一个团队的员工谈谈这个问题。

可能的话，你应看看另一团队是否也对你们抱有极大的意见，这就要有劳另一个团队、与你处于同一层次的高效能人士了。所以在这类事件上你和他的态度就显得十分重要。

需要说明的是，如果你和他之中的任何一个人仍抱着狭隘的“局部主义”观念，只是完完全全地从自己部门的利益出发来考虑整个事件，那么，矛盾永远不会有解决的一天。在这种情况下，你们应该首先各自确立起自己解决问题的态度：此时，矛盾已然产生，问题已然造成了影响，“化干戈为玉帛”才是上上之选。

所以，在你们的谈话中，应先达成一致，甚至可以保持意见上的异议，但要实现态度上的一致。唯有如此，双方的员工才不会进一步地激化矛盾，因为两位“首领”已经释放出了缓和、忍让、沟通的友好信号，而这种友好的信号可以使下属们意识到，解决当下的矛盾有多么重要。此时，极少有人愿意背负起“挑事”的骂名来挑战管理者的权威。

● 收起你的争强好胜心

我们生活在一个竞争激烈的环境中，这种环境培养出两种新型人物：一种聪明能干，另一种总是企图变得聪明能干。两种人物都是为了获得更多的利润而进行竞争的，但在关系沟通中，我们必须证实这样的事实：越是亲近的关系沟通，越不能立足于利益展开讨论。

因此，当你身在一段内部沟通中时，请收起你的争强好胜心：你的确需要通过恰当的技巧达到一定的目的，但这种沟通并非那种“你输我赢”式的沟通，有时候，你甚至无法利用常有的胜败观念来衡量这些沟通的结果，这就如同那个笑话中所说的那样：一对恋人在湾仔区的街头争论前往铜锣湾的方向，男的说要向东走，女的坚持说向西走。

刚好有一位朋友从这里经过，于是，男的便请他进行公断。

“如果你要去铜锣湾，就向东走；如果你要女朋友，就向西走。”朋友说。

这就是你所面临的真实情况：表面上看你赢得了辩论，但你失去女友的危险性也会增加。

● 在关系中进行情感补偿

想要使一段关系不断加强，最好的办法就是进行情感补偿。可以说，失去了情感补偿，一切关系都无法维系下去，在近关系中更是如此。

情感补偿是某种可以令对方感觉舒服的行为，一句同情的话，一个道歉，一个小小的让步。它们可以有效地化解人们的不合理需求，使我们的负面情绪得到缓解。我们每一个人都有可能出现悲伤、失望、心烦、紧张等各种情绪，在一段关系沟通中，我们的重要任务就是帮助对方去除这些负面的感受，使其建立起积极的关系意识。

如果你发现对方正陷入负面的情绪中，你便必须保持冷静，满足他们的需求。同时，对情感补偿进行具体的调整，使其与你沟通对象的个体需求相符合。当你的朋友因为工作上的失利而向你抱怨时，你可以开导他，也可以静静地保持沉默，只是听他倾诉。

- **忽视那些令人烦恼的言语或情绪**

有时候，你不得不忍受对方对你说出伤人而刻薄的话。比如，孩子很可能对过分关心他的母亲大叫："你管得太多了！"但事实上，他们这样说多半并非出于本意，而是因为你是他们身边唯一能够听他们发泄的人。

此时，你就需要全部接受他们无礼的言语或者情绪，并以此作为解决问题的切入点，因为只有当情感得到补偿以后，他们才能够敞开心怀向你倾诉——这将使你发现他们真正的需求。在这种时候，你必须格外小心，不要使他们心烦意乱。一语不当，便有可能破坏你们之间的关系，只因为你没有满足他们的情感需求。

- **利用共同的敌人来处理问题**

处理团队内部问题的目的在于使你们之间的关系得到进一步的加强，而情感补偿会使人们愿意倾听彼此的看法，而重视对方更是会使对方对你做出积极的反馈。敌人的敌人便是我的朋友——这句俗语在关系沟通中恰恰适用：不管你想要建立起新的关系还是想要进一步加强已经存在的关系，想要与对方在短时间内迅速地团结起来，最有效的办法就是为你们找到一个共同的"敌人"。

这个敌人可以是一个人，更可以是一个团队或者一个想法：英国人习惯以抱怨天气来开始一场谈话，而女孩之间习惯以"是否能够在一起说某人的坏话"来判断对方是敌是友，还有些人会习惯以抱怨"交通堵塞""组织不作为"来拉近彼此的距离。被"敌人"团结在一起的人在心理上往往会更愿意亲近对方。

当你利用上述办法来解决团队间的矛盾或问题时，不仅会使当下两个团队的合作变得更加顺利，同时还可以使积极的情绪能量在公司内部得到进一步的增强：因为减少了积极情绪的内耗，你们都变得更加积极起来。

图书在版编目 (CIP) 数据

超实用心理学与情绪掌控 / 元亨利著. —北京：中国法制出版社，2020.5

ISBN 978-7-5216-0850-2

Ⅰ. ①超…　Ⅱ. ①元…　Ⅲ. ①情绪－自我控制－通俗读物
Ⅳ. ① B842.6-49

中国版本图书馆 CIP 数据核字（2020）第 023703 号

策划编辑：孙璐璐

责任编辑：孙璐璐　冯运　　　封面设计：杨泽江

超实用心理学与情绪掌控

CHAO SHIYONG XINLIXUE YU QINGXU ZHANGKONG

著者 / 元亨利

经销 / 新华书店

印刷 / 三河市国英印务有限公司

开本 / 710 毫米 ×1000 毫米　16 开　　印张 / 13.5　字数 / 205 千

版次 / 2020 年 5 月第 1 版　　2020 年 5 月第 1 次印刷

中国法制出版社出版

书号 ISBN 978-7-5216-0850-2　　定价：42.80 元

北京西单横二条 2 号　邮政编码 100031　　传真：010-66031119

网址：http://www.zgfzs.com　　**编辑部电话：010-66034985**

市场营销部电话：010-66017726　　**邮购部电话：010-66033288**

（如有印装质量问题，请与本社印务部联系调换。电话：010-66032926）